即戦力への一歩シリーズ 03

知っておきたい
化学の基礎知識

監修 北野 大

著 村田 徳治

化学工業日報社

シリーズ監修にあたって

　化学物質はその用途により、医薬、農薬、食品添加物、洗剤、溶剤、触媒などと呼ばれています。現代社会においてこれらの化学物質の果たしている大きな役割については誰もが認めることと思います。一方、残念なことに過去には化学物質の性状をきちんと理解しない不適切な使用により、油症事件などに見られる人の健康への影響や、有機塩素系農薬による環境生物への悪影響があったことも事実です。

　化学物質は「諸刃の剣」でもあり、その有用性を最大に発揮しつつ、負の影響を最小にするための叡智が私たちに求められています。そのためには化学物質の開発、製造、輸送、使用及び廃棄に関わる全ての関係者が化学物質の持つ有害・危険性などをきちんと理解するだけでなく、関連する法的規制についても知っておく必要があります。

　正直に言えば、上記に述べた理解や知識の獲得は必ずしも容易ではありません。そこで、本シリーズは、新入社員や転勤・異動で初めて化学物質管理に関連する業務に就いた人などを対象にし、正確さと一定のレベルを保ちつつ、とにかく理解しやすい書籍シリーズとして企画されました。

　本シリーズは化学物質の開発、製造、輸送、使用及び廃棄に至るライフサイクル全体を通した安全性を国内外の面からカバーします。

　化学物質の安全性に係る人ばかりでなく、本書により多くの人が化学物質の安全性を理解し、化学物質がより有効に使用され、現代社会でさらに大きな役割を果たすことを期待しています。

秋草学園短期大学学長（淑徳大学名誉教授）　北野　大

は　じ　め　に

　1941年4月、時の政府は軍国教育を促進するため、それまでの尋常小学校を国民学校に改めた。その年、筆者は鎌倉市立第2国民学校最初の1年生として入学したが、軍国教育は5年生の夏、敗戦により終止符が打たれた。それまで一億玉砕を叫んでいた教師は、手のひらを返すように民主主義を説くようになった。人間社会は大人の都合により、くるくると変化するが、地球が太陽の周りを周っているのは、人間と無関係である。人間の都合で中身が変わる学問よりも、人間とは無関係に存在する自然の摂理を扱う学問を学ぶべきであると子供心に誓った。

　自動車のエンジンに興味があった筆者は将来、機械の技術者になろうと考えていた。製図の理論は難しくはなかったが、親譲りの不器用さと劣悪なコンパスのために、きれいな製図は描けなかった。製図が出来ないものが機械屋になるのは無謀だという話を耳にし、機械屋になることを断念した。

　国民学校の同級生には、林房雄（左翼から右翼へ転向し、転びバテレンと呼ばれていた鎌倉文士）の次男がおり、1947年頃にはよく彼の家に遊びに行っていた。

　林房雄の家にはアンモニアや塩酸があり、その瓶の口にリトマス試験紙をかざして、色が変化するのを見せてくれた。なぜ彼の屋敷にそのような物があったのか不思議であるが、原稿を取りに来る編集者が子供のお土産に持ってきたものと想像される。敗戦間近、米軍爆撃機B29はレーダーの目くらましにアルミ箔を落とすことがあった。これを入手した筆者と林房雄の息子は、トイレ掃除に使う塩酸に溶かして、水素の泡を発しながら溶けていく様子を愉しんだ。

　1946年の学制改革で6・3・3制が制定され、旧制県立中学は高等学校となり、小学校からの進学はできなくなった。小学校高等科がそのまま新制中学となることから、その教育水準を心配した担任は、中学と高校を併設している私立中学への進学を勧め、わがクラスの80%は私立の逗子開成か鎌倉中学へ進学した。

　当時の鎌倉は田舎であったが、進学した鎌倉中学には、東京大学の化学科を卒業した先生がいた。高校2年になって、不良生徒からは極めて評判の悪い、その先生から化学を学ぶことになった。最初の講義でその先生は、「化学は人から嫌われる学問であり、化学をやる奴にはおかしな奴が多いと言われている」と、化学という学問が世間の人から正しく評価されていない状況を嘆いておられた。

　その先生は確かに変わっていた。市販の教科書があるのにもかかわらず、決して上手とは言えない自分の字で書いたガリ版刷りの教科書を使って講義をした。しかし、今にして思えば、化学は暗記物という風説を一掃する、大学初級並みの名講義であった。この講義で筆者は化学のコツを教わった。

　筆者は40年間以上、雑誌の連載や著書を執筆してきたが、なぜかすべての記述から漏れている重要な事柄があることに気付いた。この先生から受けた化学のコツやルシャテリエの原理を書いてこなかったのである。

　人類は永い歴史の中で生活に必要な物を造りだす術を学んできた。その歴史から勉強するのも愉しいが「**即戦力への一歩シリーズ**」としては、基礎的な化学知識が手っ取り早く得られる方が実用性があると考え、化学の歴史的な発展について触れつつ、大人の素養としての、**化学の基本法則**について書くことにする。

目　　次

目　次

第 I 章

原子・元素・単体・分子・化合物・モルmol

物質を分類すると、何百万種類あるかわからないくらい、その種類は多い。しかし、これらの物質はすべて原子という粒の集合体でできている。

　この考え方は大変古く、ギリシャの哲学者たちは、物質を細かく分割していくと、もうこれ以上分割できない粒にたどり着くと考え、この粒を分割不可能なものと言う意味でアトムatomと名付けた。ギリシャ語の分割するtomosに否定のaをつけた。a＋tomは、分割できないものを意味する。この考えは当時あまり評価されたとは言えず、その後およそ2000年の間、大半の人々から忘れ去られていた。

　現代的な意味での元素の概念が確立されると「原子」はその最小構成単位を意味するようになり、これが現代的な意味での原子となった。

　当初は仮想的な存在であった「原子」は、その後の研究でその存在が確実視されていくと共に、その「原子」が更に内部構造を持つことも明らかになり、現代的な意味での原子は、もはや究極の分割不可能な単位ではなくなってしまった。

　身の回りにある物質は、地球上の自然条件の下で安定に存在する原子から構成されているが、地球上で安定に存在できる原子の種類は極めて少なく、たったの92種類以下に過ぎない。複雑極まりない生物のからだも、わずか10種類程度の元素から構成されているに過ぎない。

　原子には種々あるが、それぞれの原子の性質を表す際に用いるのが元素という概念である。**原子の種類を元素と呼ぶ。**

　元素記号は万国共通のもので、一番軽い水素Hから一番重い

ウランUまで、それぞれ元素記号と呼ぶアルファベットの大文字1字か、それに小文字を1字添えて表示する。

　一番軽い原子である水素H：Hydrogenは、ギリシャ語の水Hydroに源を表すgenを付けその頭文字に由来する。

　2番目に軽い元素であるヘリウムHeliumの頭文字もHであるが、水素Hと区別するためHの右に小文字のeを添えてHeと記す。

コラム ＞ 原子は不滅

　高校時代、化学の先生から「原子（元素）は不生・不滅・不可分である」と教わった。筆者はてっきり化学用語であると思って50代になっても使っていたのだが、あるとき岐阜で講演を終わった後の懇親会で岐阜大学の先生から、不生・不滅は般若心経にある言葉であると指摘された。

Ⅰ-1 原子を見る

　写真1－1は原子がパチンコ玉のような球体をしていること
を原子間力顕微鏡Atomic Force Microscope：AFMで写した
ものである。

　AFMは走査型顕微鏡Scanning Probe Microscope：SPMの
一種であり、試料と探針の原子間にはたらく力を検出して画像
を得る。走査型プローブ顕微鏡では先端を尖らせた探針を用い
て、物質の表面をなぞるように動かして表面状態を拡大観察
する。

写真1－1　原子の写真

　原子がパチンコ玉のように丸く見える。走査型トンネル顕微
鏡STMにより二硫化モリブデンの硫黄原子をはぎとり、文字
PEACE 91を描いている。

5

Ⅰ-2 原子量と周期表

原子には重量があり、**元素独自の重量を原子量**という。

昔は酸素元素Oの重量を単位のない無名数で16と定めて、それぞれの元素の重さを決めたものを原子量としていたが、現在では炭素原子を基準に原子量が決められている。

炭素原子には中性子の数が異なるC12・C13・C14という3種類の同位体が存在するが、同位体C12の原子量を12と定めている。

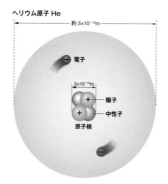

ヘリウム原子 He

約 3×10⁻¹⁰m

電子
3×10⁻¹⁵m
陽子
中性子
原子核

図1−1 陽子と中性子は質量がほぼ等しく、電子の質量は陽子の約 1/1840しかない。

周期表では、安定な同位体を持たない元素について、既知の同位体の中で最も半減期の長いものや存在比の高いものの質量

数がカッコ書きで記載してある。

半減期とは、放射性同位体の原子核の崩壊により、原子の数がはじめの半分になるまでの時間をいう。半減期は原子の種類によって決まっている。半減期が短い原子の原子核ほど早く崩壊する。

周期表では、色分けや記号などにより、常温での相を表したり、遷移元素・半金属元素・人工放射性元素を表現したりすることもある。

同位体isotopeアイソトープとは、元素は陽子の数が同じで、中性子の数が異なる物質をいう。

陽子の数が同じなら、中性子の数が異なってもほぼ同じ化学的性状をする。同位体は同位元素とも呼ばれる。

陽子はプラスの電荷をもつが、中性子は電荷が中性で重さは陽子と同一の粒子である。

同位体には、放射能を持つ放射性同位体radio isotopeと放射能を持たない安定同位体stable isotopeの2種類がある。

ウランを核燃料にする時、核分裂しやすいウラン235の濃度を高める濃縮を行う。

コラム ▶ メンデレーエフの周期表

1869年、ロシアの化学者メンデレーエフは、それまでに発見されていた元素を原子量順に並べると、周期的によく似た性質が現れることを発見した。

周期表中の空欄部分に、1875年にガリウムGa・1879年にスカンジウムSc・1886年にゲルマニウムGeと次々と新元素が発見されたことから、

その正確さが確かめられ、高く評価されるようになった。ゲルマニウムはトランジスターの元になった物質である。

表1-1 エカケイ素のメンデレーエフによる予想的中

	予想	ゲルマニウム
原子量	72	72.6
(密度 (g/cm³))	5.5	5.32
色	灰色	灰色
酸化物 (密度 (g/cm³))	MO_2 (4.7)	GeO_2 (4.23)
塩化物 (沸点)	MCl_4 (<100℃)	$GeCl_4$ (83.1℃)

　周期表の考え方は、発表当初は疑いの目を向けられており「それなら、今度はアルファベット順に並べてはどうだ」と茶化す者もいたという。

　未発見の元素の予測の質がよかったため、一般にはメンデレーエフ単独の功績とみなされている。彼の名にちなんで名付けられたメンデレビウムMdという元素名もある。

写真1-2　ロシア・サンクトペテルブルグの技術高等専門学校に近い、度量衡研究所の側壁にメンデレーエフの像と短周期表がある。

コラム ▶ 周期表からわかること

◆ほぼ同じ原子量である元素

　オスミウムOs（原子量190.2）・イリジウムIr（原子量192.2）・白金Pt（原子量195.1）

◆原子量が規則的に増加する元素

　カリウムK（原子量39.1）・ルビジウムRb（原子量85.47）・セシウムCs（原子量132.9）であり化学的特性が類似している。

　元素を原子量順に並べると、縦の列に並んだ元素群では、原子価だけでなく、ある範囲まで、独特の化学的特性が一致する。

　元素には一般的な法則が存在するので、元素の特徴的な特性を原子量から予測することもでき、原子量の小さい元素は広範囲に存在している。

　分子量の大きさが化合物の性質を決定するように、原子量の大きさが元素の性質を決定する。

　分子とは原子がいくつか結合したものを言う。希ガスは1個原子からなる単原子分子である。

　メンデレーエフの周期表は、左上から原子番号の順に並ぶよう作成されていた。この表の形式は、新元素の発見や理論構築など元素に対する知見が積み重なるとともに改良された。

　周期表には、メンデレーエフが考案した短周期表と、現在普及している長周期表とがある。

　長周期表は1族アルカリ金属・2族アルカリ土類金属・3族希土類・4族チタン族・5族バナジウム族・6族クロム族・7族マンガン族・8・9・10族（鉄族・白金族その他）・11族銅族・12族亜鉛族・13族ホウ素族・14炭素族・15族窒素族・16族カルコゲン・17族ハロゲン・18族希ガスに分類されている。

注1　アルカリ土類金属はCa・Sr・Baを指す。
注2　カルコゲンには酸素Oは含まない。

　周期表は、それぞれの升目に原子番号と元素記号が記されているほか、実用性を高めるため元素記号の下に原子量を記述するのが一般的である。

　周期表で、似た性質の元素が規則的に出現するのは、元素が電子配置に従って並べられているからである。

　元素の性状は元素の内部構造である原子核と電子の相互作用によって決まる。

　周期表では左下へ行くほど金属性が強まり、＋（プラス）イオンになりやすく、長周期表では右上17族に近づくほど非金属性が強くなり、−（ネガティブ）イオンになりやすい。

　かつて「原子論」と呼ばれる分野で行われていた、メンデレーエフらによる科学的な実験・推察・考察は、現在では「素粒子論」と呼ばれる分野で行われている。

Ⅰ-3　周期表と化学

　周期族は、＋1価のイオンになる等、よく似た化学的性状を示すが例外もある。アルカリ金属の塩は水溶性であるが、炭酸リチウムLi_2CO_3は例外で水に難溶である。

　東京電力福島第一原子力発電所（原発）事故では様々な問題が出てきたが、そのひとつに植物への放射性セシウムの蓄積がある。これは、植物の成長に不可欠な肥料成分であるカリウムと放射性セシウムを区別できずに吸収してしまうために起こる。

　アルカリ土類金属 (2族) は＋2価のイオンになる。2族のうち、カルシウムCa・ストロンチウムSr・バリウムBaは昔から三つ組み元素として知られていたが、ベリリウムBeとマグネシウムMgは、他のアルカリ土類金属とは異なった性状を示す。

　ホウ素族 (13族) は＋3価のイオンになる。13族にはアルミニウムAlのような汎用軽金属のほか、ホウ素B・ガリウムGa・インジウムInなど、電子材料として重要な元素が多い。

　炭素族 (14族) はプラス4価のイオンにはならず、共有結合の化合物を形成する。特に炭素の化合物は特別な性状や反応を示すので、有機化学という分野が特別に作られている。

　同族のゲルマニウムGe・スズSn・鉛Pbは電子関係のほか、化合物としても各種化合物の原料としても重要な位置を占めている。

コラム ＞ イオンion

　イオンとは、電子の過剰あるいは欠損により電荷を帯びた原子または原子団のことである。電離層などのプラズマ・電解質の水溶液・イオン結晶などのイオン結合性を持つ物質内などに存在する。

　陰極や陽極に引かれて動くことから、ギリシャ語のイオン、ローマ字表記で移動するという意味のイオンの名が付けられた。

陽イオンpositive ion・カチオンcation

　電子を放出して正の電荷を帯びた原子、または原子団を陽イオンまたはカチオンと呼ぶ。

　金属元素には安定した陽イオンを形成するものが多い。

　プラス1価・プラス2価・プラス3価のイオンがよく知られており、プ

ラス4価のイオンの存在には疑問を呈する人もいる。

陰イオンnegative ion・アニオンanion

　電子を受け取って負の電荷を帯びた原子、または原子団を陰イオンまたはアニオンと呼ぶ。ハロゲンは安定した陰イオンを形成する。

◆**気相のイオン**

　物理学・化学物理学の分野では、気相のイオンに対して、陽イオンの代わりに正イオンpositive ion・陰イオンの代わりに負イオンnegative ionが多く用いられる。

　大気電気学では、気相のイオンを大気イオンatmospheric ionと呼ぶ。なお、マイナスイオンという用語は1922年に、空気中の陰イオンの訳語として紹介された和製英語である。一部では負の大気イオンの意味でマイナスイオンが使われる場合があり、2002年前後を中心に国内の学会で、日本の多くの研究者が使用した実態があった。

　またマスコミ等では、陰イオンをマイナスイオンと誤って報道する事例もある。流行語にもなったが、科学的定義がないために、科学用語として認められていない。

Ⅰ-4　元素の構造と周期表

　原子は原子核と電子から構成され、原子核は陽子と中性子から構成されている。

　原子核と電子は電磁相互作用（クーロン力）によって結びつき、かつ量子条件に基づく一定の安定した運動エネルギーを持って

いる。

　原子の化学的性質は、陽子の数である原子核の電荷により決まることが経験的・理論的に知られている。

　陽子の数が等しいものは同じ元素を構成する原子として扱われており2021年現在、118種類の元素が原子量表に記載されている。ただし超ウラン元素は自然条件下では地球上には存在せず、実用性には疑問がある。

　超ウラン元素とはウランより原子番号の多い元素で、プルトニウムPuの貯蔵が問題になっている。

　原子の半径は10^{-8}cm程度であり、質量は$10^{-24} \sim 10^{-22}$グラム程度と極端に小さい。

　原子・分子のスケールに至る手前までは我々の直感的な物質感が通用するが、原子・分子レベルの世界では直感的な物質感はもはや通用しなくなる。

　原子核のスケールを境として自然を支配する基本相互作用の様相が大きく異なるためであり、この世界では量子論が重要になる。

　19世紀初頭までは「原子が存在するとは信じません」と言う科学者の方が、むしろまともだと考えられていた。

　19世紀後半には、オーストリアの物理学者であるルートヴィヒ・ボルツマンが、気体分子運動論を使って、気体の特性の多くが説明できることに気が付いた。「原子」なる仮説的存在が動いているとすると、温度や圧力の性質も説明しやすいし、熱い気体がピストンを押すという仕事をする蒸気機関の仕組みも説明しやすかったのである。

Ⅰ-5 電子軌道

　従来の古典電磁気学では、粒子が円運動をすると、その回転数に等しい振動数の電磁波を放射しエネルギーを失ってしまう。そのため正の電荷を帯びた原子核の周りを負の電荷を持った電子が同心円状の軌道を周回しているという太陽系型原子模型や土星型原子模型では、電子はエネルギーを失って原子核に引き寄せられてしまうはずであった。

　一方、分光学における原子の発光スペクトルでは、原子の発する光は特定の複数の振動数のみに限られる。これは1908年、ヴァルター・リッツWalter Ritzによって、輝線に含まれる周波数が、2つの異なる輝線の周波数の和か差として表されることが判明した。

　コペンハーゲン大学のニールス・ボーアは「原子および分子の構成について」という3部作の論文の第1論文の中で、新たな原子模型を提示した。

　電子はある定常状態から別の定常状態へ、突然、移行する。これを状態の遷移という。

　ボーアの示した模型は、なぜ円運動する電子がエネルギーを失わないか、という点を説明するものではないが、量子条件という大胆な仮説によりそれを一旦棚上げして、スペクトルの法則に合致した説明を与えるものであった。

　ボーアの提示した量子条件は、当初は原子の安定性を説明するための方便に過ぎないと見放されていたが、その後の量子力学の発展によって、それまでの物理的世界観を根本から変える自然の基本原理であることが判明している。

　ボーアはまた、原子の安定性を説明するために、電子が存在できるK殻・L殻・M殻・N殻という量子条件に基づくボーアの原子模型と呼ばれる電子の円軌道モデルを考案した。

　ドイツの物理学者ゾンマーフェルトはボーアのモデルを楕円軌道モデルに拡張し、整合性の高いモデルを提案した。

　現在、原子と電子の関係は量子力学によって概ね解明されているが、原子核についてはいまでも分からないことが多く、原子核物理学では理論的・実験的研究が盛んに行われている。現在の原子モデルは、電子は電子雲として描いている。

❶ 電子殻・電子配置・同位体

　電子殻にはK・L・M・Nがあり、各電子軌道に存在できる電子の数は決まっている。

　M殻以降は、d軌道・f軌道といった複雑な電子軌道がある。

　水素原子は、K軌道に電子が1個存在する構造になっている。

表1−2　電子殻と電子軌道（数）

電子殻	電子軌道（数）
K	s (2)
L	s (2) p (2)
M	s (2) p (6) d (10)
N	s (2) p (6) d (10) f (14)

水素には、原子核に陽子1個と中性子1個が結合した重水素 heavy hydrogen：デューテリウムdeuteriumという安定同位体がある。重水素はdeuterium

15

の頭文字からDと表記し、重水の分子式はD_2Oと表記する。

　原子核が陽子1個と中性子2個とで構成される三重水素は、トリチウムtritium：Tと表記する。

　三重水素の酸化物であるトリチウム水T_2Oは、福島原発の事故現場から発生する放射性物質であるが、化学的性状が水とほとんど変わらないため、除去することができず、大問題になっているが、2021年4月に日本政府は、処理水を海洋放出することに方針を決定した。風評被害を受ける漁業関係者や韓国が反対している。

　原子核が陽子1個で中性子が存在しない普通の水素のことを

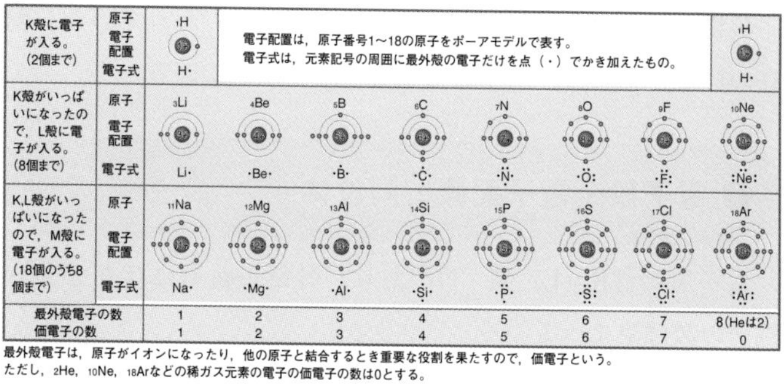

最外殻電子は、原子がイオンになったり、他の原子と結合するとき重要な役割を果たすので、価電子という。
ただし、$_2$He、$_{10}$Ne、$_{18}$Arなどの稀ガス元素の電子の価電子の数は0とする。

図1-2　原子の電子配置

軽水素と呼ぶこともある。陽子の数は変わらず、中性子の数だけが異なる元素を同位体というが、重水素・三重水素は普通の水を構成する水素の同位体である。

❷ 元素・単体・化合物・原子量・分子量・式量

地球上では複数の原子が化学結合によって結びついた分子や結晶として存している。希ガス18族のように1個の原子が単独で存在しているものを単原子分子と呼ぶ。

原子の一番外側の殻を最外殻と言う。

安定な物質の最外殻電子は希ガス構造である8個になっている。

この経験則を八隅子則という。なお宇宙空間のような真空に近い環境下では希ガス以外の原子も単独で存在している。元素は原子の種類を表す呼び名である。

(1) 単体simple substance

単一の元素からできている純物質を単体というが、往々にして「単体＝元素」と表記してある書物を散見する。

アルミニウムAl・銅Cu・ナトリウムNa・金Auのような純金属は単一の元素から構成されている物質であり、元素ではなく単体とよぶのが正しい。

水素H_2・酸素O_2などは同一の原子二個が結合した二原子分子である。酸素O_2とオゾンO_3や赤リンと黄リンのように、同じ元素からできた単体であっても、異なる性質を示す。このような単体同士の関係を同素体という。

純物質の炭素原子からできているダイアモンドと黒鉛（グラファイト）は単体であり、同素体でもある。しかし、これらを混ぜ合わせた物質は、単一の炭素原子からできているが、密度・融点・沸点などの物理的性質が異なるので純物質ではなく2種

類の炭素の同素体の混合物である。

(2) 分子・分子量・化合物

　水H_2Oのように水素と酸素という2種類以上の元素からできている純物質を化合物という。

　水は、原子量1の水素原子2個と原子量16の酸素原子1個が結合して分子を形成しており、原子量の総和は$1 \times 2 + 16 = 18$となる。

　分子量は原子量を足し算した総和であるから、水の分子量は18となる。

(3) 式量

　食塩$NaCl$の結晶は、ナトリウムイオンNa^+と塩化物イオンCl^-とが静電引力で規則正しく結合している化合物である。$NaCl$の結晶はNa^+とCl^-が多数集積したもので、その最小単位

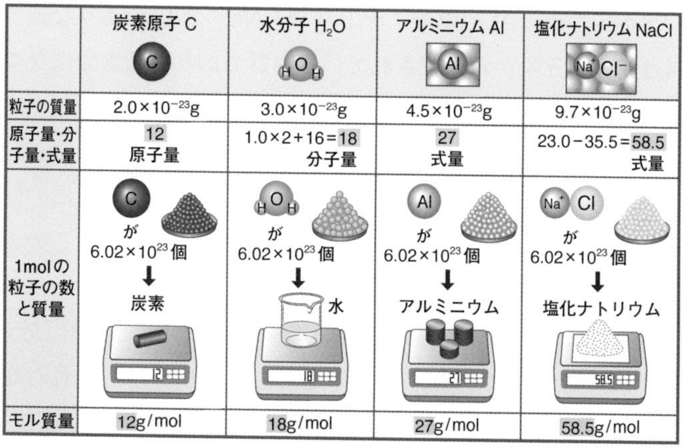

	炭素原子 C	水分子 H₂O	アルミニウム Al	塩化ナトリウム NaCl
粒子の質量	2.0×10^{-23}g	3.0×10^{-23}g	4.5×10^{-23}g	9.7×10^{-23}g
原子量・分子量・式量	12 原子量	$1.0 \times 2 + 16 = 18$ 分子量	27 式量	$23.0 - 35.5 = 58.5$ 式量
1molの粒子の数と質量	C が 6.02×10^{23}個 炭素	H O H が 6.02×10^{23}個 水	Al が 6.02×10^{23}個 アルミニウム	Na⁺ Cl⁻ が 6.02×10^{23}個 塩化ナトリウム
モル質量	12g/mol	18g/mol	27g/mol	58.5g/mol

図1-3　原子量・分子量・式量の関係

がNaClであり、NaClという分子は存在しない。NaClの分子
量という言い方は誤りで、正しくは「NaClの式量」という。分
子式に相当する式量はナトリウムの原子量22.99と塩素の原子
量35.45の和、22.99＋35.45＝58.44になる。

Ⅰ-6 原子価と酸化数

❶ 原子価

　原子価とは、ある原子が何個の原子と結合するかを表す数で
ある。高校教育では「手の数」や「腕の本数」と表現することが
ある。

　元素によっては複数の原子価を持つものもあり、特に遷移金
属は多くの原子価を取ることができるため、多様な酸化状態や
反応性を示す。

　原子価の概念は化学結合論とともに発達してきた。スウェー
デンの化学者イェンス・ベルセリウスは、イギリスの化学者ハ
ンフリー・デービーの電気分解の実験から、原子はプラスある
いはマイナスのある量の電荷を持っていると考えた。そして、
プラスの電荷を持つ原子とマイナスの電荷を持つ原子が、全体
の電荷がゼロ0となるようにクーロン力によって結びついて電
気的に中性な化合物を構成していると考えた。この考えによれ

ば個々の原子の持つ電荷の大きさにより、他に何個の原子と結合するかが判明し、原子価が決定される。

　当時知られていた化合物は無機化合物が大部分であったのでこの考え方は広く受け入れられたが、一方で金属元素によっては特定の原子価を取らず、複数の原子価を取るものがあることもすでに知られていた。

　有機化合物では、プラスの電荷を持つと考えられていた水素が、マイナスの電荷を持つと考えられていたハロゲンと置換する反応が見出された。

　有機化合物の研究が進むにつれて、エーテルのように酸素原子に2つの「基」が結合したもの、アミンのように窒素原子に3つの「基」が結合したものが知られるようになった。

　ドイツの化学者フリードリヒ・ケクレはこれを整理して、水素やハロゲンは他の1つの原子と、酸素は2つの原子・窒素は3つの原子・炭素は4つの原子と結合できると提唱した。

　金属元素では他の何個の原子と結合しているかという意味で原子価という言葉は用いられなくなり、配位による影響のない酸化数と同義で原子価という言葉が用いられることが多い。

❷ 電子対の数と立体構造

　中心にある原子Aを取り囲む共有電子対と非共有電子対は、反発する力が最小になるように配列する。この性質を知っていれば電子対の数より構造を推定できる。

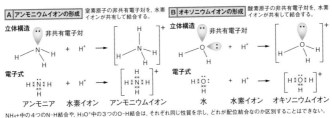

NH_4^+中の4つのN–H結合や、H_3O^+中の3つのO–H結合は、それぞれ同じ性質を示し、どれが配位結合なのか区別することはできない。

図1−4　電子対と立体構造

Ⅰ-7　酸化数

　酸化とはある原子が電子を失うことであり、酸化された物質では単体状態より電子密度が低くなっている。それに対して還元とはある原子が電子を得ることであるから、還元された物質では電子密度が高くなっている。

　ある原子が酸化状態にある場合、酸化数は正の値をとり、その値が大きいほど電子不足の状態が進んでいることを示す。逆に還元状態にある場合には負の数値をとり、その値が大きいほど電子が過剰であることを示す。なお酸化数はローマ数字で記述するのが通例である。

　酸化数は以下のように求めることができる。

・単体の原子の酸化数はゼロ0である。

・単原子イオンの場合は、そのイオン価がそのまま酸化数にな

る。イオン価の分だけ電子を失っている、あるいは得ている
からである。

・電気的に中性の化合物では、構成物質の酸化数の総和はゼロ
である。

・化合物の中の水素原子の酸化数は＋Ⅰ、酸素原子の酸化数は
－Ⅱとする（金属元素の水素化化合物のH原子の酸化数は－
Ⅰ、過酸化物中の酸素原子の酸化数は－Ⅰである。

・多原子分子や多原子イオン中の原子の酸化数は［その原子の
持つ電荷］＋［その原子よりも電気陰性度が大きい原子との
結合数］

・ある多原子分子・多原子イオンを構成している原子すべての
酸化数の和は、その多原子分子・多原子イオンの持っている
イオン価と等しい。

コラム ▶ 電気陰性度electronegativity

　電気陰性度とは、分子内の原子が電子を引き寄せる強さの相対的な
尺度であり、ギリシャ文字の χ で表す。異種の原子同士が化学結合す
る場合、各原子の電荷分布は当該原子が孤立していた時とは異なる分
布をとる。これは結合相手の原子からの影響によるものであり、原子
の種類によって電子を引き付ける強さが異なるためである。この電子
を引き付ける強さは、原子の種類ごとの相対的なものとして、その尺
度を決めることができる。この尺度のことを電気陰性度と言う。電気
陰性度は周期表の下へ向かうほど、右上に向かうほど大きくなる。

❶ 6価クロムと酸化数

クロムの酸化数には＋Ⅱ価・＋Ⅲ価・＋Ⅳ価・＋Ⅴ価・＋Ⅵ価が存在する。

＋Ⅲ価の酸化クロム（Ⅲ）：Cr_2O_3は安定で、研磨剤（青棒）・触媒・触媒担体・緑色顔料・陶磁器用顔料・耐火煉瓦原料などに使われている。水溶性の＋Ⅲ価のクロム塩類は染色や革なめしに多用されている。

Ⅱ・Ⅲ・Ⅳ・Ⅴ価のクロム酸化物は緑色や黒色で水に不溶性であったが＋Ⅵ価の酸化クロム（Ⅵ）：CrO_3は水溶性である。

酸化クロム（Ⅵ）は酸性水溶液中では、赤色の－2価の重クロム酸イオン$Cr_2O_7{}^{2-}$を形成しており、アルカリ性水溶液中では黄色のクロム酸イオン$CrO_4{}^{2-}$を形成している。

6価クロムのことをCr^{6+}と表す記述を見かけるが、これは＋6価の陽イオンを表すことになる。＋6価の陽イオンは存在しないので6価クロムを表すのにはCr（Ⅵ）と表記しなければならない。

$$CrO_3 + H_2O \rightarrow H_2CrO_4$$

$$2H_2CrO_4 \rightarrow H_2Cr_2O_7 + H_2O$$

重クロム酸$H_2Cr_2O_7$は－2価の酸素が7原子$-2 \times 7 = -14$と、＋1価の水素原子が2原子$+1 \times 2 = +2$あるので、合計すると－12となる。化合物の電荷はプラスマイナスがゼロ0なければならないのでCrが＋12の電荷を担わなければならない。重クロム酸には2原子のクロム原子があり、1原子あたり＋6なので＋Ⅵ価のクロムということになる。

I-8 モルmolとアボガドロ数

イタリアの化学者アボガドロは、気体反応の法則を説明するために分子moleculeという概念を提唱した。

この概念は分子でない結晶や金属にまで拡大され、さらに頭3文字mol（モル）を用いて原子や分子の数を表すようになった。

原子・分子・イオンの6.02×10^{23}個（アボガドロ数）という莫大な数を1molという。

molという単位は、化学のダースを表す。ピンポン球や鉛筆のように重さや形の異なるものでも、1ダースといえば12個である。

1molは1ダースよりはるかに大きな数ではあるが、原子でも分子でもイオンでも、1molといえば6.02×10^{23}個なのである。

炭素原子C12を標準にして各元素の重さを決めたものが原子量であり、分子量は原子量の和である。水1mol（6.02×10^{23}個）は水の分子量18にグラムgを付ければよく、水1モルは18gになる。

モルmolはドイツの化学者ヴィルヘルム・オストヴァルトによって導入された。molは、分子moleculeに由来する。

モルmolは、物質量のSI単位であり、1モルには、厳密に$6.02214076 \times 10^{23}$個の粒子が含まれ、この数をアボガドロ数と呼ぶ。

　粒子は、原子・分子・イオン・式量・その他の粒子、あるいは、粒子の集合体のいずれであってもモルと呼ぶ。

　NaClの分子式に相当する式量はナトリウムの原子量22.99と塩素の原子量35.45の和、22.99＋35.45＝58.44である。従って、NaCl 1モルは58.44gである。

第 II 章

化学結合と八隅子則

　物質をかたちづくる原子の結合の仕方には、イオン結合・共有結合・金属結合・水素結合・配位結合・ファンデルワールス力などがある。

Ⅱ-1　八隅子則
Octet theory

　化合物には最外殻の電子数を8個（希ガス構造）にして安定化しようとする傾向があり、これを八隅子則という。多くの塩類や有機化合物に適用できる便利な経験則である。

　第二周期の元素や第三周期のアルカリ金属やアルカリ土類金属まではこの経験則が当てはまる化合物が多いが、複雑な化合物では多くの例外が存在する。

　なぜ最外殻電子の数が8個となると安定なのかは不明なままであるが、20世紀に発展した量子力学の理解が困難であるのとは対照的に、八隅子則は直感的に理解することができる。直感的な化学結合論は電子の混成軌道や量子力学を用いた分子軌道などの理論的扱いにも取り入れられている。

Ⅱ-2 イオン結合ionic bond

　ナトリウム原子Naは最外殻の電子1個を放出すれば、最外殻電子8個のネオンNeと同じ希ガス構造となり安定する。

　マイナス1価の電荷を有する電子を放出すると、ナトリウムはプラス1価のイオンNa^+になる。

　一方、最外殻に7個の電子を保持している塩素原子は電子を1個受け取ると、最外殻8個の希ガス構造（アルゴンArと同様の構造）になり、安定な塩化物イオンCl^-（陰イオンanionまたはnegative ion）になる。

　Naイオン（陽イオンcationまたはpositive ion）はプラス、Clイオンはマイナスに荷電しており、互いに引き合って$NaCl$（塩化ナトリウム・食塩）の結晶になる。このようなイオン同士の結合をイオン結合という。

■イオン結合（Na^+とCl^-の結合）

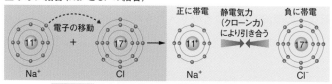

正に帯電　静電気力（クローン力）により引き合う　負に帯電

電子の移動

Na^+　　Cl　　　　Na^+　　　　Cl^-

イオン結合 陽イオンと陰イオンが静電気で引き合ってできる結合

図2−1　イオン結合

Ⅱ-3 共有結合 covalent bond

　水素Hは電子1個を保持し、酸素Oは最外殻に6個の電子が存在する。

　酸素と水素が電子を共有すると、酸素は最外殻電子8個のネオン構造Neになり安定化する。酸素がネオン構造をとるためには水素2原子が必要であり、水素原子はヘリウムHe構造となり安定化する。その結果、水の化学式はH₂Oになる。

　炭素Cは最外殻に4個の電子が存在している。水素4原子と共有結合すると、炭素はネオン構造になり、水素は炭素の電子1個を共有してヘリウム構造になり安定になる。

　こうしてできあがるメタンCH₄は炭素と水素の共有結合で安定化している。

分子	水素	水	アンモニア	メタン	二酸化炭素	窒素	エチレン	単結合
分子式	H_2	H_2O	NH_3	CH_4	CO_2	N_2	C_2H_4	1本の価標 二重結合
電子式	H∶H	H∶O∶H	H∶N∶H H	∶O∶∶O∶	∶N∷∷N∶	H∶C∷∷C∶H H H	2本の価標 三重結合 3本の価標
構造式	H−H	H−O−H	H−N−H H	H−C−H H	O=C=O	N≡N	H−C−C−H H H	二酸化炭素分子CO₂の二酸化原子と酸素原子の間の結合、窒素分子N₂の窒素原子の間の結合は三重結合である。
立体構造	直線形	104.5° 折れ線形	106.7° 三角すい形	109.5° 正四面体形	直線形	直線形	平面形	

図2−2　各種の共有結合

コラム ＞ 科学用語の盲信

科学に無知な人ほど科学用語を盲信する。巷には「マイナスイオン」という科学用語に見せかけた言葉が流行している。何を表しているのか不明のまま、製品の宣伝に使われている。

化学でいうイオンは、プラスやマイナスに荷電した原子や化合物を指すが、大気現象全般を取り扱う大気電気学でいうイオンの定義とは異なっている。

1905年フィリップ-レナードが、水を細かい水しぶきに破砕するとマイナスに帯電する（レナード効果）を発見、これが日本では滝の水しぶきがマイナスに帯電し、健康になるというが、その根拠は証明されていない。

1930年代に日本やドイツで陰イオンや陽イオンが病気に及ぼす影響に関する研究論文が医学会誌に掲載された。

1937年には西川義方らが医学書「内科診療の実際」の治療法一覧に「大気イオン療法」を記載し、その生理作用や生成装置について記載している。

大気中でマイナスイオンになる物質にはNOx・SO_2・HSO_4^-などがある。これらは健康に悪い大気汚染物質である。

良心的工学者である安井至はマイナスイオン空気の健康効果に疑問をいだいている。同じく、良心的な統計物理学者である菊池誠も健康効果についてニセ科学と断定しているが、その根拠はAP通信による家電メーカー担当者へのインタビュー（2002年）を挙げている。安井も菊池もトルマリンからマイナスイオンが発生するという説は、インチキと断定している。

II-4 金属結合 metallic bond

　金属の単体では、金属原子が上下左右前後に規則正しく並び、同じ結合を繰り返す金属結晶をつくっている。

　金属結合では、金属結晶の格子に存在する原子核の陽イオン（正電荷）と、結晶全体に広がる自由電子（負電荷）から構成されており、規則正しく配列した陽イオンの間を自由電子が自由に動き回り、これらの間に働く静電引力（クーロン力）で結び付けられている。

　金属原子のひとつひとつから放出された電子の一部は、特定の原子にだけ共有されるわけではなく自由電子として金属結晶全体に非局在化している。

　金属の電気伝導性や熱伝導度が高いのは自由電子の存在に起因しており、自由電子は伝導電子とも呼ばれる。また、電子は光子と相互作用する。

　金属の特性である反射率や金属光沢は自由電子のエネルギーバンドの状況を反映している。

　金属をたたくと伸びて広がるが、この薄く広がる性質を展性といい、引っ張ると伸びる性質を延性という。

　金属結合は共有結合ほど強くはないが、1原子あたりの自由電子の数が多いほど金属結合は強くなり、硬さが増し融点も高くなる。自由電子の数が1原子核あたりで同じであれば金属原

子が小さいほど金属結合は強くなる。

　アルカリ金属などは自由電子が少なく、金属としては柔らかくて融点の低いものが多い。ナトリウムやカリウムはナイフで切れるくらい柔らかいが、鉄や銅は切れない。因みに金属カリウムの融点は63℃、鉄の融点は1535℃である。

■金属結合

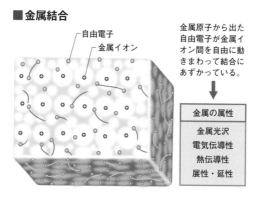

図2-3　自由電子と金属イオン

Ⅱ-5 水素結合
hydrogen bond

　水素結合とは、窒素・酸素・硫黄・ハロゲンなどの電気陰性度が大きな原子(陰性原子)に共有結合で結びついた水素原子が、近くの他の原子と、その孤立電子対の間の静電的な引力により

結びつくことである。

　イオン結合のような無指向性の相互作用ではなく、水素・非共有電子対の相対配置にも依存する相互作用である。

　この作用は、分子間、あるいは分子内に働く結合力として、タンパク質・核酸DNAなどの生体高分子や水・アンモニア・フッ化水素などの小さい分子が示す特異的な構造や機能の源となるものである。

　水素結合には、異なる分子の間に働くもの（分子間力）と単一の分子の異なる部位の間（分子内）に働くものがある。

　水素結合は、電気的に弱い陽性（∂＋）を帯びた水素が陰性原子上で、周囲の電気的に陰性な原子との間に引き起こす静電的な力として説明される。

　典型的な水素結合（5〜30kJ／mol）は、ファンデルワールス力より10倍程度強いが、共有結合やイオン結合に比べるとはるかに弱い。

　カルボン酸は気相や無極性溶媒中では、水素結合で二量体を形成する。

❶ 水分子の極性

水は、次に示すように種々の特性を有する。

・高い融点や沸点

・高い表面張力

・高い粘度

・大きな比熱や大きな気化熱

・4℃で最も大きな密度

・固体 (氷) になると膨張する

・高い誘電率

・イオンには大きな溶解性を示し強力な溶媒になる

　酸素原子1個と水素原子2個が共有結合で結びついた化合物である水分子は、その分子量 (18) から想像される性質とはかけ離れた異常な物質であるといえる。

　水が酸素と同族 (第16族) の硫黄の水素化物である硫化水素H_2S:沸点-60.7℃より、はるかに高い100℃の沸点を示すのは、水素結合によって分子間の引力が非常に強くなるためである。

　また、水が氷に変化する際に体積が増大するのは、水分子の三角構造が水素結合で蜂の巣状になり、そこに空洞が多く生まれるためである。このような相変化などの熱的性質や他の物質との親和性などにおいて、水素結合は重要な役割を担っている。

　水分子における酸素原子間の距離は2.8Åオングストロームで、水素原子は一方の酸素原子から約1.0Åの位置にある。

　Åは、長さの単位を表し10^{-8}cmである。

　水分子は、結合に関わる電子が酸素側に偏っている。酸素には2つの孤立電子対があり、孤立電子対と水素原子の間で静電気的に強い引力が働いている。

　極性のない油などは、水分子の引力を押しのけて混ざることができない。それはあたかも極性のない物質どうしが結びついているように観察されるため、疎水結合と呼ばれることがある。

　フッ素・酸素・窒素・ハロゲンなどの陰性原子は、水素原子と共有結合しているかいないかにかかわらず、水素結合受容体

になる。

　水素結合は、最も身近な物質である水の特異な性質を決める
など、生物にとって極めて重要な働きをしている。

　近年、水関連のニセ科学商法も散見されるので正しく理解す
る必要がある。

❷ 生体における水素結合

　水素結合は生物にとって非常に重要な働きをしている。人体
には多量の水が、タンパク質・核酸・脂肪・炭水化物なども含
まれている。これらの物質が機能するにあたっては、水素結合
が大きな役割を果たしている。

　生体高分子における水素結合は、重要な駆動力となってお
り、タンパク質が二次構造以上の高次構造を形成する際、ある
いは核酸DNAの中で核酸塩基同士が水素結合で結びつき二重

■ DNAの構造

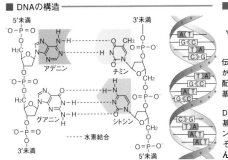

■ 伝令 RNA

伝令RNAは1本のヌクレオチド鎖が直線に伸びたもの。DNAの塩基配列の情報を読み取る。3つの塩基でアミノ酸を指定する。

DNAは2本のヌクレオチド鎖の塩基部位がA（アデニン）−T（チミン）、C（シトシン）−G（グアニン）でそれぞれ水素結合をして二重らせん構造を形成している。

図2−4　T−Aは2個の水素結合　C−Gは3個の水素結合

ラセン構造を形成する際に必要である。

　核酸を構成する塩基として、チミンT・アデニンA・シトシンC・グアニンGが知られている。その組み合わせは、2個の水素結合で結合しているT−A・3個の水素結合で結合しているC−Gしかなく、T−CやA−Gのような間違った結合は起きようがない。

　DNAの遺伝情報を転写したメッセンジャー RNA（mRNA:分

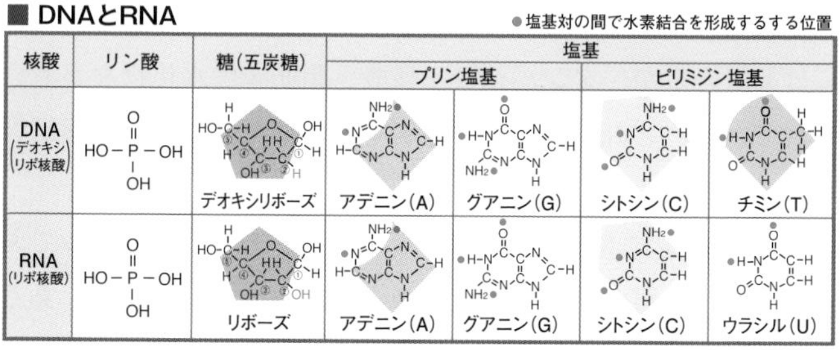

図2−5　DNAとRNA

注　RNAとは糖部分にリボースをもつ核酸で、RNA塩基はチミンのかわりにウラシルが使われる。

子量5万）、リボソームの主成分であるリボソームRNA（rRNA:同50万〜200万）、アミノ酸をリボソームに運ぶ転移RNA（tRNA:同3万）の3種が知られ、ふつうは1本鎖で存在する。ウイルスにはRNAを遺伝物質とするものがあり、遺伝物質がRNAの新型コロナウイルスへの感染が世界的な問題となっている。

Ⅱ-6 配位結合 Coordinate bond

　1つの原子からのみ電子が供与されている共有結合を配位結合という。

　アンモニアが水に溶けて生成されるアンモニウムイオンや硫酸イオンなどは配位結合である。

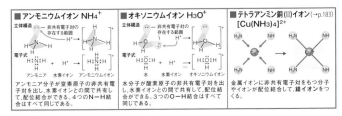

図2-6　配位結合

Ⅱ-7 ファンデルワールス力 van der waals force

　希ガスや水素・酸素・窒素など低温で液化するが、これらの非極性物質はファンデルワールス力で結びついている。

第 III 章

物の性状

Ⅲ-1 純物質と混合物

　われわれの身の回りには、食塩・砂糖・紙・木・ガラス・コンクリート・アルミニウムなど様々な物質が存在するが、これらの物質は純物質と混合物に分類できる。

　梅酒を漬けるのに使う氷砂糖は純粋な砂糖sucroseの結晶である。砂糖はサトウキビやテンサイ・ビーツと呼ばれるサトウダイコンからできるが、氷砂糖の段階になってしまうと、その原料を区別することはできない。それは氷砂糖が不純物を含まない砂糖の純物質だからである。

　家庭で使う粒の細かい砂糖は、砂糖の結晶の表面に不純物である糖蜜が付着しており、そのため氷砂糖より甘い。約20年前に筆者の家によく来ていた第一期国費中国留学生は、「日本の砂糖より、中国の砂糖の方が甘い」と言っていた。これは、当時の中国の砂糖は結晶が細かく、糖蜜をよりたくさん含んでいたためである。

　氷砂糖は純物質であり、糖蜜を含む「家庭用の砂糖」は砂糖と糖蜜の混合物である。

　混合物の定義は難しく、例えば「ゴマ塩」もゴマと食塩の混合物といえる。純粋な炭素の結晶にはダイアモンドと黒鉛（グラファイト）があり、鉛筆の芯は黒鉛・粘土・プラスチック等の混合物である。海水は塩化ナトリウムや塩化マグネシウムなど

が水に溶け込んだ混合物である。自然界に存在する物質の多く
は混合物である。

△純物質：ほかの物質が混じっていない単一な物質

△混合物：何種類かの物質が混じり合った物質

図3－1　純物質と混合物

Ⅲ-2 物質の三態（固体・液体・気体）

　物質の三態とは固体・液体・気体のことである。

　水は常温・常圧では液体であり、0℃以下では固体(氷)となり、
1気圧100℃以上では気体(水蒸気)になる。

　生物のからだを構成しているタンパク質のように、加熱して
気体へ変化させようとすると、熱分解して炭化してしまう。タ
ンパク質には水に不溶性のものと水溶性のタンパク質である卵
白等がある。

　純物質の融点・沸点・密度などは物質ごとに決まっている。これに対し、混合物は、混合している物質の割合（組成）によって、これらの値が変化する。

　1気圧では水の沸点は100℃、エタノールの沸点は78℃であるが、水とエタノールの混合物の沸点は、その組成によって変化する。

気化vaporization・蒸発evaporation・沸騰boiling

　液体が気体に変化する現象を気化という。蒸発と沸騰はどちらも気化の一種である。蒸発では液体の表面から気化が起こるのに対して、沸騰では液体の表面からだけでなく、液体の内部からも気化が起こる。気化した蒸気が液体の内部に気泡を生じる。蒸発では気泡は生じない。

　液体が沸騰しているのか、それとも蒸発しているだけなのかは、気泡の発生の有無で見分けることができる。液体から気泡が絶え間なく湧き上がるように発生するなら、その液体は沸騰しているのである。

❶ 沸点boiling point

　沸点とは、液体の飽和蒸気圧が外圧と等しくなる温度のこと

である。沸騰している液体の温度は、その液体の沸点に等しい。

　純物質の沸点は、一定の外圧のもとでは、その物質に固有の値になる。

　純物質が一定の外圧のもとで穏やかに沸騰している間は、その液体の温度は一定に保たれる。

　水の沸点は、外圧が1気圧のとき100℃である。富士山の頂上では気圧が低く、水の沸点は気圧が0.64気圧になると87.9℃まで降下する。沸点が下がると、うまくご飯が炊けない。外圧が高くなると沸点は上がり、外圧を下げると沸点は下がる。外圧が2気圧では水の沸点は120.6℃まで上昇する。富士山では圧力鍋を用いて外圧を高めてやらないとうまいご飯は炊けない。

　単に沸点というときには、1気圧のときの沸点を指す。

　1気圧のときの沸点であることを明示する場合はnormal boiling point (NBP) という。日本語で標準沸点というときにはNBPを指していうことが多い。

　沸騰は、沸点より低い温度では決して起こらない。それに対して蒸発は、沸点より低い温度でも起こる。

　水に濡れた食器や衣服が100℃より低い温度で乾くのは、水が沸騰するからではなく、水が蒸発するからである。蒸発は沸点より低い温度でも起こるので、沸点を「液体が蒸発して気体に変化するときの温度」とするのは誤りで、正しくは「液体が沸騰して気体に変化するときの温度」とするべきである。

❷ 過熱super heating

　一定の外圧のもとで液体を加熱していくとき、沸点を超えても沸騰が始まらず過熱状態になることがある。過熱された液体を過熱液体という。

　過熱を防ぎ、沸点で液体を沸騰させるためには、あらかじめ液体に沸騰石を入れておいてから加熱するとよい。あるいは、撹拌子などで液体を撹拌しながら加熱してもよい。沸騰石や撹拌子の役割は、気泡の核を作ることである。過熱液体の見た目は沸点以下の通常の液体と同じで見分けがつかないが、過熱液体をさらに加熱し続けると液体が突然吹き上がる。この現象を突沸bumpingという。過熱は、液体の表面張力のために起こる現象である。

　液体中の気泡内部の圧力は、気泡を包む液体の表面張力に等しく、外圧よりも高くなる。この圧力差は表面張力に比例し、気泡の半径に反比例する。

　(飽和蒸気圧) ＝ (外圧) ＜ (気泡内部の圧力)

　液体中で蒸気の気泡を発生させるには、気泡内部に蒸気以外の気体が多少なりとも含まれているか、あるいは気泡を包む周りの液体が多少なりとも加熱されていなければならない。

❸ 融点melting point

　融点とは、固体が融解し液体になる時の温度をいい、凝固点(液体が固体になる時の温度)と一致する。また、三重点(固体・液

体・気体のすべてが共存する熱力学的平衡状態）すなわち平衡蒸気圧下の融点は、物質固有の値を取る。

　不純物が含まれている場合は凝固点降下により融点が低下することから、物質の純度を確認したりする手段として用いる。

　熱的に不安定な物質は溶融と共に分解反応が生じる場合もある。その場合の温度は分解点と呼ばれ、融点（分解）と表記されることがある。

❹ 氷点

　水の融点を氷点という。気圧や水に含まれる不純物によって変化するが、厳密にはセルシウス温度0℃ではなく、絶対温度で表すと273.152519K（ケルビン）である。広義には、水が凝固する温度点の意味でも用いられる。氷点以下の温度を氷点下という。

Ⅲ-4 溶解度solubility

　固体の溶解度は一定温度で水やアルコールなどの液体（溶媒・溶剤という）100gに溶ける溶質（砂糖や塩など）の数値を、その物質の溶解度という。

　本来は無名数であるが、一般にg/100gで示す。通常の固体

では温度が上がると溶解度が上がる物質が多い。

　硝酸カリウムKNO₃のように、温度によって溶解度が大きく変化する物質では、高温の飽和溶液を冷却すると多くの結晶が析出する。

　塩化ナトリウムNaClのように、温度によって溶解度があまり変化しない物質では、同様の操作を行っても結晶はほとんど析出しない。

　気体の溶解度は、一定温度で1atm（1気圧）の気体が溶媒1mlに溶ける体積を0℃1気圧に換算して表す。0℃1気圧を標準状態（STP）という。

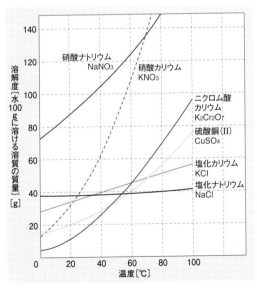

図3－2　溶解度曲線

　気体の溶解度も温度によって変化するが、固体とは逆に、温度が上がると溶解度が下がるものが多い。

　水は酸素原子1個と水素原子2個からできている分子であるが、一直線に結合しておらず、ミッキーマウスの耳のように104度傾いて水素原子が結合している。そのためプラスとマイナスにわかれた分子構造をしており、これを極性分子という。水は極性分子であり、油は非極性分子である。溶媒どうしでも水と油は溶けあわず分離する。水とエタノールは有極性なのでよく混ざる。

❶ 溶解度積solubility product

　水に難溶性塩ABの飽和溶液では、溶解せずに残っているABの固体が溶解する速度と溶液中に溶けているABが析出する速度が釣り合い、溶解平衡という状態になる。すなわち溶解せずに残っているABの固体と解離イオンとの間には、モル濃度について次のような平衡が成立している。

　　[A$^+$]［B$^-$]＝K［AB]　　(Kは平衡定数)

　K［AB]の値 (AとBのモル濃度の積) は一定温度では一定値なので、[A$^+$]［B$^-$]は一定値となる。**イオン濃度の積を溶解度積と呼ぶ。**

　[B$^-$]の濃度の値が大きくなると[A$^+$]の値が小さくなり、ABの未解離分子が多くなる。この効果は共通イオン効果と呼ばれ、難溶性塩の沈殿促進法としてよく用いられる。

　溶解度積の値は、温度が一定ならば、その物質に固有であり、

化学分析では沈殿の条件を考える際に重要な指標となる。

第 IV 章

電磁波と化学反応

光 (可視光線) は電磁波の一種である。可視光線は、ヒトが目で感じることのできる波長の電磁波であり、色の違いは、波長の違いを示している。電磁波 (光) のエネルギーは波長に反比例 (振動数に比例) する。

　日射しの強い部屋は暖かい、あるいは暑いという生活実感から光はエネルギーであることが納得できる。

　虹の7色は、赤色から紫になるにつれて、光は波長が短くなり、波長が短いほど大きなエネルギーを持っている。

　電子は、エネルギー準位と言われる固有の異なるエネルギー値を持っているが、それぞれの電子は中途半端なエネルギー値を持つことできず、エネルギーの大きさは色によって、判断です。する。

　電子のエネルギーは階段のように1段目・2段目・3段目というように段階的な値しかとれない。

　物質に光を当てると物質中の電子エネルギーが増加する。不安定な電子は光エネルギーを得ると電子遷移をする。この時、光エネルギーの一部は電子に移り、その電子に移ったエネルギーの量に対応した光色を吸収することになる。

　その吸収された光色の補色関係にある色が浮き出て物質の色に見える。

　物質はその物質の固有の光波長を吸収するので、物質に光を当てるのを止めれば、階段を昇った電子は元の位置に戻る。

　電子が光のエネルギー吸収し、そのエネルギーを放出するときに発光するのが、蛍光や蓄光蛍光体と言われるものである。

　物質によって色が異なるのは、光エネルギーによって動く不

安定な電子が違うからである。少しエネルギーを得れば動く電子を持っている物質は赤色光を吸収する。

そのため赤の補色関係にある青緑色に見える。物質によって色が違って見えるのは、光エネルギーによって動く不安定な電子が異なるからである。

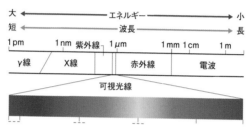

図4－1　電磁波のエネルギー分布

Ⅳ-1　光合成と生体内での物質変化

光合成で植物が生産したブドウ糖は生体内での様々な物質に変化する。

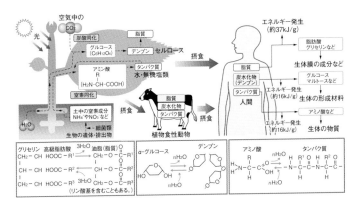

図4－2　生物と光合成

Ⅳ-2　光と化学反応

　アルカリ性水溶液中でルミノールを過酸化水素などで酸化すると青く発光する。

図4－3　光と化学反応

　この反応は銅イオンや赤血塩：ヘキサシアニド鉄（Ⅲ）酸カリウム・血液のヘモグロビン・その誘導体が触媒になる。

　血痕を調べる警察鑑識に使われている。

Ⅳ-3　光の色

　色の表現方法は大きく分けて2種類がある。2つ以上の異なる色を混ぜ合わせることによって別の色を作ることを混色という。

　混色は、混ぜれば混ぜるほど明るくなる「加法混色」と、混ぜれば混ぜるほど暗くなる「減法混色」の2つに大きく分けられている。

△加法混色

　加法混色とは、赤R・緑G・青Bを組み合わせて色を表現する方法である。加法混色は、色を重ねるごとに明るくなり3つの色を重ねると白になる。

　赤R・緑G・青Bは色光の三原色とも呼ばれている。

　スポットライト・パソコンなどのディスプレイから発せられる色は加法混色で表現されている。

△減法混色

　減法混色とは、イエローY・シアンC・マゼンタMを組み合わせて色を表現する方法である。減法混色は、加法混色とは反

対に色を重ねるごとに暗くなり、すべてを混ぜると黒になる。

　このイエローY・シアンC・マゼンタMは「色料の三原色」とも呼ぶ。ポスターやチラシなどの印刷物に用いられる色である。

「加法混色」と「減法混色」

　「加法混色」のうち2色を同量ずつ混色すると「減法混食」の1色になり、「減法混色」のうち2色を同量ずつ混色すると「加法混色」の1色になる。加工混色の中でも種類が分けられている。混合して無彩色を作れる2色の有彩色の組み合わせを互いに補色という。

　補色は相対する色を直接に指示するのに対し、反対色の指示する範囲はやや広い。補色関係にある片方の色を吸収させ、もう一方の色に見える関係を使って色を作る方法で、黄と青は補色関係なので適当に混ざっていた場合は白色に見える。ここで黄を吸収させれば青に見える。"減法混色"の代表は絵具である。

△空気が透明な理由

　空気中には窒素・酸素等があるのに空気が無色な理由は、窒素や酸素にも不安定な電子はあるが、吸収する光エネルギーが可視光の範囲に無いので見えないだけである。

Ⅳ-4　紫外線の人体影響

　子供の頃、紫外線は健康のもとであり、紫外線にあたること

が奨励されていた。しかし、現代の医学では紫外線は有毒であり、なるべく紫外線にはあたらないように注意が促されている。

　白人・黄色人種・黒人は有害な紫外線を防ぐために、メラニン色素を皮膚の表面に造った結果であるという。

　肌の色は紫外線の強さに比例するという。

Ⅳ-5　低周波電磁波による人体影響

　近年、電波などの直接人体に影響しない低周波の電磁波による人体への影響が注目されている。アメリカではいち早く、人体への影響を考えて、電磁波防護基準の法制化がなされ、電磁波測定方法の規格化が進められている。ただ、未だに研究途中であり、確定した評価までは至っていない。

　それでも無視できない一貫性ある報告がなされており、一般的には人体に有害であると認められているのが現状である。

　疫学的研究では、1987年のアメリカ-サビッツ博士の調査では、「2mG（ミリガウス）以上の磁場で小児白血病が1.93倍、小児筋肉腫瘍3.26倍」という結果が出ている。

　スウェーデンでは、1992年にカロリンスカ研究所を中心とした大規模な疫学調査の結果、北欧3国集計で「2mG以上の磁場で小児白血病が2.1倍、小児脳腫瘍1.5倍」との調査結果を発表。低レベルでも電磁波にさらされることにより、小児白血病

やがんの発生率が増加する恐れが指摘され世界に大きな反響を呼んだ。

　身近にある電磁波を発生するもの、例えば高圧送電線や変電所などからの電磁波の影響は大きく、これらの近くに住んでいる場合には注意が必要であるという。

　距離が遠くなるほど電磁波も弱くなり、近ければ近いほど危険といえる。そばに大きな送電線があれば、常に電磁波を受け続けている可能性が高く、人体への影響が強いと考えられる。

❶ 家庭内での電磁波

　家庭内は電磁波に囲まれている。テレビやパソコン本体からも電磁波が発生している。場合によっては、高圧送電線より強い電磁波が家電製品から出ていることもある。

△電磁波が強い製品

　電磁調理器 (IHクッキングヒーター・電子レンジ・ミキサー・電気ストーブ・オーディオ機器・乾燥機・洗濯機等) である。

IV-6 炎色反応

　夏の夜空を彩る花火は、酸化剤に可燃物を混合した煙火剤が使われている。酸化剤には、塩素酸カリウム$KClO_3$や過塩素酸

カリウムKClO₄などが、可燃物には硫黄・木炭・デンプンなど
が使われている。また、色付けにはアルカリ金属元素やアルカ
リ土類金属元素の硝酸塩・硝酸銅(Ⅱ)などが使われている。

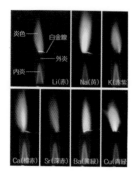

　原子は、熱せられるとエネルギーの高い状態になる。その原
子がもとの安定した状態に戻るとき、受け取ったエネルギーが
光として放出される。
　アルカリ金属元素・アルカリ土類金属元素・銅ではこのエネ
ルギーが小さく、放出される光は可視領域に入るので、炎色反
応で、花火の彩りを楽しむことができる。

第 V 章

酸・アルカリ(塩基)・pH

V-1 酸の生成

　食物は腐敗すると酸っぱくなる。生命の維持を優先する動物は、腐敗して酸っぱくなったものは食べない。一方、植物も、種子も成熟していない未成熟な果実を食べられてしまうと種子の散布に支障をきたすので、それを防ぐため酸味を好まない果実食の鳥獣の嗜好に合わせ、未熟な果実を酸っぱくして、食料にならないようにしている。人間にも酸っぱい物が嫌いな者は多い。酸っぱい味の源としてはレモン・青梅・食酢等が挙げられるが、これらの酸はいずれも植物やバクテリアなどの生物が造った酸である。このような酸を有機酸という。

　生物がつくりだす物質は他の物質と性質が非常に異なっている。

　化学の分野では酸を古典的な酸・ルイス酸・ブレンステド酸等に分類しているが、本書では古典的な酸のみを解説する。

　木炭Cを完全燃焼させると木炭はシリカSiO_2や炭酸カリK_2CO_3等、わずかな無機物を残して無くなってしまう。一見、炭素原子が消滅してしまったようにも見えるが、木炭を構成していた炭素は空気中の酸素O_2で酸化されてCO_2に変化し、少量の木灰を残す。気体に変化したものは目には見えないが炭素の酸化物として存在している。

　$C + O_2 \rightarrow CO_2$

現在、このCO$_2$が大気中に含まれる割合を示す数値は400ppmとなっている。これは100年前の270ppmの約1.5倍である。CO$_2$の増加は地球温暖化を促進させ、各地で異常気象が起きている。

注　1ppmは100万分の1という割合を示す単位。

CO$_2$を水に溶かすとその一部分が水と反応して炭酸H$_2$CO$_3$という弱い酸が生成する。炭酸水の酸味の成分は炭酸である。

CO$_2$の旧名である炭酸ガスはこの現象からきている。

CO$_2$＋H$_2$O→H$_2$CO$_3$

甘味と香料を入れた水にCO$_2$を加圧して溶かし込んだものが、清涼飲料のサイダーやラムネである。

リンPの単体に赤リンがある。マッチの擦るところに塗ってあるチョコレート色をしたものが赤リンである。

この赤リンを空気中で燃やすと、五酸化リンP$_2$O$_5$の白煙が発生する。

4P＋5O$_2$→2P$_2$O$_5$

これを水に溶かすと、水と反応してリン酸H$_3$PO$_4$を生成する。

P$_2$O$_5$＋3H$_2$O→2H$_3$PO$_4$

硫黄Sを空気中で燃やすと青い炎を出してよく燃えて二酸化硫黄SO$_2$（亜硫酸ガス）が生成する。

これを水に溶かすと弱酸の亜硫酸H$_2$SO$_3$が生成する。

SO$_2$＋H$_2$O→H$_2$SO$_3$

これらの例からもわかるように、非金属元素の酸化物は水と反応して酸を生成する性質がある。

Ⅴ-2 酸の性状

　酸には有機物と無機物がある。炭酸・リン酸・亜硫酸は無機酸である。

　化学の分野では炭酸やシアン化水素HCNのような簡単な炭素化合物は無機物として取り扱う習慣になっている。

　水溶液中の酸は、水素イオンH^+と陰イオンとに電離しているが、電離の強さによって、酸性が強いか弱いかが決まる。

　塩酸HClは水溶液中で水素イオンH^+とCl^-イオンに、硝酸HNO_3は水素イオンと硝酸イオンNO_3^-に100%電離しており、共に強酸である。

　リン酸H_3PO_4は水溶液中でリン酸PO_4^{3-}・リン酸一水素イオンHPO_4^{2-}・リン酸二水素イオン$H_2PO_4^-$に電離しているが、いずれの電離度は100%にならず弱酸である。

V-3 オキソニウムイオン oxonium ion

　水素イオンH^+は、陽子（P：プロトン）を指すが、陽子は水中では高い表面電荷密度のため裸のイオンでは存在できず、水分子と結合して水和物イオンH_3O^+（オキソニウムイオン・ヒドロニウムイオン・）を形成している。

$$2H_2O \rightarrow H_3O^+ + OH^-$$

　オキソニウムイオンは約115度の傘のような三角錐をしている。

立体構造

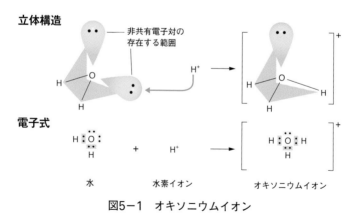

電子式

水　　　　　　　　　水素イオン　　　　　　オキソニウムイオン

図5-1　オキソニウムイオン

　水分子が酸素原子の非共有電子対を出し、水素イオンとの間で共有して、配位結合ができる。3つのO-H結合はすべて等

価である。

H_3O^+ に配位している水分子 (H_2O) は反応に無関係なので無視され、単に水素イオンH^+と呼ばれることが多く、通常の反応式では表示しない。

水分子が酸素原子の非共有電子対を出し、水素イオンとの間で共有して、配位結合ができる。水分子は共有結合の化合物であり、イオンにはほとんどならない。

オキソニウムイオンは水和されたプロトンであるという見方もでき、水分子4分子と水素イオンが水素結合して水和された$H_9O_4^+$オキソニウムイオンとして水溶液中に存在していると考えられている。

常温付近では水分子の70%が、氷と同じ結晶構造（4配位座の四面体）であるオキソニウムイオンを形成している。残りの30%は3分子以下の結合数であり、結晶構造を形成していない。そのために水は全体として液体の性状を示すのである。

V-4 強酸と弱酸

酸の正体は水素イオンH^+である。水素イオン濃度が高い酸が強酸であり、水素イオン濃度の低い酸は弱酸であるということになる。ほとんどの酸は弱酸であり強酸はごくわずかしかない。代表的な強酸を次に示す。

・塩酸〔HCl〕
・硝酸〔HNO_3〕
・硫酸〔H_2SO_4〕
・過塩素酸〔$HClO_4$〕

Ｖ-5　アルカリの生成

　金属マグネシウムは空気中で、明るい光と白煙を出しながらよく燃える。これはマグネシウムMgが空気中の酸素O_2で酸化されて酸化マグネシウムMgOに変化する酸化反応である。

　$2Mg + O_2 - 2MgO$

　酸化マグネシウムに水を加えて加熱すると、水酸化マグネシウム$Mg(OH)_2$が生成し、上澄液はわずかにアルカリ性を呈する。

　$MgO + H_2O \rightarrow Mg(OH)_2$

　金属ナトリウムNaのように化学的に活性な金属は水と激しく反応して、強アルカリである水酸化ナトリウムNaOH（苛性ソーダ）を生成する。

　$2Na + 2H_2O \rightarrow 2NaOH + H_2$

　水酸化ナトリウムは、水溶液中でナトリウムイオンNa^+と水酸化物イオンOH^-とに100%解離しており、強アルカリになる。

　$NaOH \rightarrow Na^+ + OH^-$

これらの例からわかるように、金属の酸化物は水と反応してアルカリ (塩基) を生成する。

❶ アルカリの性状

酸の本質は水素イオンH^+であったが、アルカリの本質は水酸化物イオンOH^-である。

ほとんどの金属水酸化物と酸化物は水に不溶性であり、水中での水酸化物イオンOH^-の濃度は極めて低く弱アルカリである。

安価なアルカリとして多用されている消石灰：水酸化カルシウム$Ca(OH)_2$は水にほとんど溶けない弱アルカリであり、アンモニア水NH_4OH (水酸化アンモニウム) も弱アルカリである。

水溶液中の水酸化物イオン濃度を高くすることができる水酸化物が強アルカリである。代表的な強アルカリを次に示す。

・水酸化ナトリウム：苛性ソーダ$NaOH$
・水酸化カリウム：苛性カリKOH
・水酸化バリウム：バリタ$Ba(OH)_2$

コラム ▶ アボガドロ数

化学の日10月23日は「化学の日」だそうである。

日本化学会や化学工学会などの関連団体は10月23日を含む週を「化学週間」として制定しており、化学の普及のために毎年様々な活動を行っている。

これは$6.02×10^{23}$個：化学のダースと言われるモルからきている。

　ちなみに化学工業日報社も、化学週間で講演会の開催、冊子製作などを行っている。

Ⅴ-6　水とpH

　純粋な水は、きわめて小さい値であるが測定し得る程度の電気電導度を有している。このことは、水がごくわずかではあるが、水素イオンH^+と水酸化物イオンに電離していることを示している。

　$H_2O \rightarrow H^+ + OH^-$

　精密な測定によると、水25℃で1.000×10^{-7}〔mol／L〕の水素イオンH^+とそれと等しい量の水酸化物イオンOH^-を含んでいる。

　1mol／Lという単位は水1 L中に1モルmolの物質が溶解していることを示し、大括弧で表す。水の水素イオンと水酸イオンの積を水のイオン積といいKwで表示す。

注　L=1000ml=1000cc=1000cm³

　水の解離定数（イオン積Kw・25℃）はKw＝ $[H^+][OH^-]$ ＝ 10^{-7} (mol／L)²である。この解離定数は温度が一定であれば変化しない。

　Kwが一定ということは、水素イオン濃度が高くなれば、水

酸化物イオン濃度が低下するということを意味している。

❶ 水素イオン濃度指数pH

25℃における純水中の水素イオン濃度は10^{-7}〔mol／L〕であるが、この値はあまりにも小さい値で計算に不便なので、水素イオン濃度の負の対数をとり、それをpHという記号で表示している。

負の対数（−log）を用いると、通常よく用いられる濃度ではpH値が正数になる。

pH＝−log〔H^+〕

純水のpHは次のように示す。pH＝−log〔H^+〕

＝−log〔$1×10^{-7}$〕＝$(0+\log10^{-7})$＝$(-0-7)$＝7

25℃でpH7は中性である。

pHが7より低い溶液は酸性であり、7より高い溶液はアルカリ性である。

pHは負の指数を示すものであるから、pHの増大は水素イオンの減少、すなわちアルカリ性が強くなることを意味する。また、pHの数値は指数であり、pH＝1とpH＝2の水素イオン濃度は10倍違う。2倍ではないので注意したい。

❷ pHと酸の希釈

強酸を10倍に希釈すると、pHが1上昇する。

0.1mol（pH＝1）のHClや$HClO_4$等の強酸溶液を100倍・1万倍

と水で希釈していくと、pHは上がっていく。しかし、pHが7を超えて8や9になることはない。

酸を純水でいくら希釈しても、その水素イオン濃度が純水の水素イオン濃度より低くなることはありえないから、溶液のpHが7.00より大きくなることはない。

このように、極端に希薄な強酸の溶液について考える際には、水の水素イオン濃度の影響を考慮しないとおかしな結果が得られることがあるので注意したい。もしpHが8や9になるということが起こるとしたら、酸の溶液を希釈し続けていくと、アルカリの溶液ができあがってしまうことになる。

Ⅴ-7 中和の理論

酸とアルカリとが反応して塩（エン）と水とを生成する反応を中和反応という。

塩酸HClを水酸化ナトリウムNaOHで中和する反応は、典型的な中和反応であり、生成する塩NaClは特に食塩と呼ばれる。

$HCl + NaOH \rightarrow NaCl + H_2O$

硫酸H_2SO_4を消石灰$Ca(OH)_2$で中和すれば、硫酸カルシウム$CaSO_4$という塩と水が生成する。

$H_2SO_4 + Ca(OH)_2 \rightarrow CaSO_4 + 2H_2O$

硫酸カルシウムは石膏と呼ばれ20℃・二水和物の溶解度は

0.21g／100cm³でほとんど水に溶けない。

　中和により生成される塩には、水によく溶けるもの（ナトリウム塩・カリウム塩・アンモニウム塩・硝酸塩・酢酸塩）と水にあまりよく溶けないものがある。

Ⅴ-8　水和物と結晶水

　結晶水は、現代の構造無機化学ではすでに廃れているが、結晶水の概念は広く普及しており、水または水分を含んだ溶媒から結晶化を行うと、多くの化合物は結晶格子の中に水を取り込む。ある化学種は水の存在下でないと結晶化しないということもある。

　水和物とは、無機化学と有機化学で使われる、水分子を含む物質のことを表す用語である。水和水があるからといって水に溶けやすいとは限らない。硫酸カルシウムなどがその例である。

Ⅴ-9　塩(エン)の加水分解

　強酸と強アルカリとの中和反応は瞬時に完了するが、弱酸と

弱アルカリとの中和反応は緩慢で反応速度は遅い。

　強酸と強アルカリの塩は中性であるが、強酸と弱アルカリの塩は酸性であり、弱酸と強アルカリの塩はアルカリ性を示す。弱アルカリと弱酸の塩は不定である。

Ⅴ-10　産業廃棄物の処理

　廃棄物処理法では、水溶液の産業廃棄物は、廃酸や廃アルカリの定義はなく、化学的にいう酸やアルカリの存在は無視されている。

　そのため便宜的にpHが7より低いものを廃酸、7より大きいものを廃アルカリと勝手に定義している。

　pH=7は、廃酸と廃アルカリの混合物であるという。

　また、廃酸の中和に必要なアルカリの量を前もって知ることはできない。

　化学的な酸やアルカリが入っていると思われるpH=2以下廃酸とpH=12以上の廃アルカリは特別管理廃棄物であり、その処理には資格が必要である。

中和と有毒ガスの発生

　産業廃棄物の処理で過去に死亡事故を起こした例がある。これを防ぐためには正しい化学知識が必要である。

❶ 廃アルカリの中和と有害ガスの発生

　一般に弱酸の強アルカリ塩の水溶液は、加水分解によりアルカリ性を呈する。廃アルカリ中には揮発性弱酸の塩類が混入しているものがあり、これを廃硫酸等により中和したために、揮発性弱酸(ガス)が発生し、死亡事故を起こした事例が多い。

　弱酸の強アルカリ塩には、硫化物・亜硫酸塩・シアン化物(特別管理産業廃棄物に指定)・次亜塩素酸塩・亜硝酸塩等がある。

❷ 硫化水素の発生

　硫化ナトリウムNa_2Sを含む廃アルカリを硫酸で中和していた廃棄物処理業者の事業所から、大量の硫化水素ガスH_2Sが発生し、産廃の作業者と付近で下水道工事をしていた人が硫化水素中毒で死亡するという事故が発生している。

　$Na_2S + H_2SO_4 \rightarrow Na_2SO_4 + H_2S$ (硫化水素発生)

❸ 亜硫酸ガスSO₂の発生

亜硫酸ソーダNa₂SO₃等の亜硫酸塩を含む銀塩写真廃液である廃アルカリ（銀塩写真は最近ほとんどない）を酸で中和すると有害な亜硫酸ガスSO₂が発生する。

$Na_2SO_3 + H_2SO_4 \rightarrow Na_2SO_4 + H_2O + SO_2$（亜硫酸ガス発生）

❹ シアン化水素の発生

NaCN等のシアン化合物は特別管理産業廃棄物に指定されており、通常の廃酸・廃アルカリとしての取扱いをしないが、往々にして廃アルカリ中に混入する場合がある。シアン化合物を含む廃アルカリ中に酸を加えて、有害なシアン化水素HCNが発生し、死亡事故が起きた事例がある。

$NaCN + H_2SO_4 \rightarrow NaHSO_4 + HCN$（シアン化水素発生）

❺ 塩素ガスの発生

$2H_2SO_4 + 4NaClO \rightarrow 2Na_2SO_4 + 2H_2O + O_2 + 2Cl_2$（塩素ガス発生）

主婦が浴室を掃除中、塩素系のカビ取り剤（漂白剤）と酸性タイプの洗浄剤を混ぜ、発生した塩素ガスで死亡する事故が起き、それ以来漂白剤には「混ぜるな危険」の表示が義務付けられた。

❻ 窒素酸化物NOxの発生

　鉄鋼熱処理用廃ソルト・防錆液・食品添加物などに使われて
いる亜硝酸ソーダ$NaNO_2$などの亜硝酸塩を含むアルカリを酸
で中和すると有害なNOxが発生する。

　　$2NaNO_2 + H_2SO_4 \rightarrow Na_2SO_4 + H_2O + NO_2 + NO$

Ⅴ-12 酸・アルカリの混合と 有害ガスの発生

　酸の中には、混合してもよいものと、混合すると化学反応を
起して有毒ガスを発生するものとがある。

❶ 酸化によるNOxの発生

　硝酸は酸化力があり、様々な物質を酸化して、有毒なNO_2や
NOを発生する。例えば、鉄鋼の錆とり用酸洗廃酸中には硫酸
第一鉄が含まれており、これに廃硝酸を加えると、褐色のNO_2
やNOを発生する。

　　$2FeSO_4 + H_2SO_4 + 2HNO_3 \rightarrow Fe_2(SO_4)_3 + 2H_2O + 2NO_2$
　　$6FeSO_4 + 3H_2SO_4 + 2HNO_3 \rightarrow$

　　　　　　$3Fe_2(SO_4)_3 + 4H_2O + 2NO$・・・($NO \cdot NO_2$の発生)
硝酸を還元物質が入った酸と混合する場合には充分注意す

る必要がある。

Ⅴ-13 中和による アンモニアの発生

硫酸アンモニウム $(NH_4)_2SO_4$のようなアンモニウム塩を含む廃酸を中和する場合、アルカリを過剰に加えると有毒なアンモニアNH_3が発生する。

$(NH_4)_2SO_4 + Ca(OH)_2 \rightarrow CaSO_4 + 2H_2O + 2NH_3$ (アンモニアの発生)

Ⅴ-14 王水からの塩素の発生

塩酸HClと硝酸HNO_3を混合すると塩酸が酸化されて有毒な塩素Cl_2が発生する。

$HNO_3 + 3HCl \rightarrow NOCl + 2H_2O + Cl_2$ (塩素の発生)

V-15 有毒ガスの 発生防止対策

　有毒ガスを発生する塩を含むアルカリを中和処理する場合には、有毒ガスを発生防止のため、その塩を前処理して安定な塩に変化させる必要がある。

　硫化ナトリウムNa_2S・亜硫酸ナトリウムNa_2SO_3・亜硝酸ナトリウム$NaNO_2$・シアン化ナトリウム（$NaCN$）等、還元性の弱酸塩は次亜塩素酸塩のような酸化剤を用いて酸化する方法が望ましい。

　これらの塩類は次亜塩素酸ナトリウム$NaClO$によって次のように酸化される。

$$Na_2S+4NaClO \rightarrow Na_2SO_4+4NaCl$$

$$NaNO_2+NaClO \rightarrow NaNO_3+NaCl$$

　次亜塩素酸塩を含む廃アルカリは亜硫酸ナトリウムNa_2SO_3などによって還元できる。硫酸第一鉄$FeSO_4$を還元剤として用いてもよい。

$$NaClO+Na_2SO_3 \rightarrow NaCl+Na_2SO_4$$

$$NaClO+2FeSO_4+4NaOH+H_2O$$
$$\rightarrow NaCl+2Na_2SO_4+Fe(OH)_3$$

第VI章

化学反応の進行方向

　タンパク質など複雑な有機物を化学式で表すのは、難しいものだが、無機物や簡単な有機物ぐらいは、ぜひ化学反応式を書けるようになってもらいたい。

　この知識を身に付けることが、間違った考え方・おかしなこと・死亡事故を回避することにつながるはずである。

ル・シャトリエの原理と化学反応

　化学者アンリ ル・シャトリエによって発表された原理である。

　ある状態に対して何らかの変動を起こさせたときに、平衡が移動する方向を示す原理のことであり、ル・シャトリエの法則ともいう。

　1887年にカール・ブラウンによっても独立して発表されたため、ル・シャトリエ＝ブラウンの原理Le Chatelier－Braun pricipleともいう。

　平衡状態にある反応系において温度・圧力・反応に関与する物質の圧力や濃度を変化させると、その変化を元あった状態に戻す方向へ平衡は移動する。

　反応温度を上げると、平衡は反応熱を吸収して反応温度を下げて相殺する方向へ移動する。逆に反応温度を下げると、平衡は反応熱を発生させて反応温度を上げる方向へ移動する。

　気体の反応では、全圧を上げると、平衡は気体分子の数を減

らして圧力を下げる方向へ移動する。反対に全圧を下げると、平衡は気体分子の数を増やして圧力を上げる方向へ移動する。また反応に関与しているある物質の分圧や濃度を上げると、平衡はその物質を消費して分圧や濃度を下げる方向へ移動する。反応に関与しているある物質の分圧や濃度を下げると、平衡はその物質を生成して分圧や濃度を上げる方向へ移動する。

　自然科学の法則や原理は、なぜそうなのかを問われないまま用いられている場合が多い。

　化学という学問を学ぶ際には、数多くの化学反応を理解する必要があるが、ル・シャトリエの原理を知っていれば、1つ1つを暗記する手間が省けて、怠け者には便利である。

> ### コラム ▶ 平衡状態

　正反応の速さと逆反応の速さが等しい時、化学反応は静止したように見える、これを化学平衡という。

　化学反応では、可逆反応の生成物の変化量と出発物質の変化量が合致した状態を指す。

　熱力学的平衡では熱平衡・力学的平衡・化学平衡の3つを合わせて、力学的平衡と呼ぶ。

　その他、物理化学・統計力学・電気工学・情報工学・生態学・生理学・経済学等、平衡の概念は広く使われている。

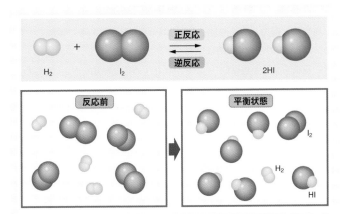

図6-1　化学平衡

　平衡は状態変数の変化を相殺する方向へ移動するというル・シャト
リエの原理によって、世の中の動きを説明できる場合も多い。

　昔は、元素は不滅であり左辺と右辺が同数であるというところから、
反応式では→印ではなく、数学の等式と同じイコール（＝）が用いられ
ていた。化学平衡の概念が進み、いつの間にか「→」が用いられるよう
になってしまった。

　水溶液の反応では、右辺に生成する物質が水溶性であるか不溶性で
あるかを知ることは重要なことである。

　経験則は一般的な通則であり、これらを知ることは、化学を理解す
る早道といえる。

コラム ▶ 塩素イオンと塩化物イオン

　典型的な酸である塩酸HClは水溶液中ではH^+とCl^-とに電離している。このCl^-のことを以前は塩素イオンと呼んでいたが、現在ではプラスの電荷をもった塩素Cl^+イオンが存在することが知られ、「塩素イオン」という呼び方ではどちらを指すのか判断できないことから、陰イオンの塩素イオンを示す際には、陰イオンであることを表示しなければならないことが国際的に決められている。

　誰が決めたのか知らないが、日本の化学分野では、塩素イオンCl^-のことを塩化物イオンと呼ぶことに決まった。

　塩化物イオンでは塩素化合物であるClO_3^-のような化合物を示すことになる。塩化物イオンではなく、塩素陰イオンと表記すべきである。

　陽イオン場合には、元素名＋イオンで示す。例えば水素イオンH^+・ナトリウムイオンNa^+・カルシウムイオンCa^{2+}など元素名＋イオンで表記する。

　典型的なアルカリである水酸化ナトリウムNaOH（苛性ソーダ）は、水溶液中では水酸イオンOH^-とナトリウムイオンNa^+とに解離する。水酸イオンを水酸化物イオンと呼ぶことに異論はない。

❶ 化学反応が進む方向とル・シャトリエの原理

　酸とアルカリが反応し塩（エン）と水が生成する反応を中和反応という。中和反応はル・シャトリエの原理で説明することができる。

　塩酸溶液中にはH^+とCl^-の陰陽2種類のイオンが存在している。そこへ水酸化ナトリウム水溶液を混合するとH^+・Cl^-・Na^+・OH^-4種類の陰陽イオンが共存することになる。ここでル・シャトリエの原理が作用し、イオンの種類を元の2種類の

イオンに戻そうとする。H^+とOH^-とを反応させて解離しない水H_2Oにしてしまえば、溶液のイオン種はもとあった2種類に戻る。

$$H^+ + OH^- \rightarrow H_2O$$

このように中和反応では、水が生成する方向に反応が進行するのである。

Ⅵ-2 水溶性物質の特性

物質には水溶性のものもあれば不溶性のものもある。また、その中間に位置する難水溶性のものもある。以下に水溶性物質の例を挙げる。

△アルカリ金属の塩はすべて水に溶ける。ただし炭酸リチウムは例外で、水に難溶であり、室温では水100ml対し1.33gしか溶けず、高温では溶解度がさらに低下する。

△アンモニウム塩はカリウム塩によく似た化合物を造り、アルカリ金属の仲間と考えてよい。

△硝酸塩・酢酸塩は水溶性である。

△シアンCNはハロゲン(塩素Cl・臭素Br・ヨウ素I)とよく似た化合物を造る。

Ⅵ-3 不溶性物質が生成する反応

　水に溶けない化合物が生成する反応も、ル・シャトリエの原理で説明できる。この反応は不溶性化合物が生成する方向に反応が進行する。

　硝酸銀$AgNO_3$水溶液に塩化ナトリウム$NaCl$の水溶性を加えると、水に不溶性の塩化銀$AgCl$が生成し、硝酸ナトリウム$NaNO_3$の水溶液が生成するという反応である。

　$AgNO_3 + NaCl \rightarrow NaNO_3 + AgCl$

　水に不溶性の沈殿が生成する反応式では、生成する沈殿に対し下向きの矢印を付けることがあるが、付けなくてもよい。

　この水溶液には銀イオンAg^+と硝酸イオンNO_3^-の2種類が存在している。

　水溶液にNa^+イオンと塩素陰イオンCl^-の水溶液を加えると4種類のイオンが共存することになる。ここでル・シャトリエの原理が作用し、水に不溶性の塩化銀$AgCl$を生成して、水溶液の系外に除いてしまえば、水溶液中のイオンの種類は2種類に保たれる。この反応は銀イオンや塩素陰イオンCl^-の検出に利用される。

　塩化カルシウム$CaCl_2$の水溶液に炭酸ナトリウムNa_2CO_3の水溶液を加えると炭酸カルシウム$CaCO_3$の水不溶性塩が沈殿し食塩水$NaCl$が残るが、この反応もル・シャトリエの原理で

説明できる。

$CaCl_2 + Na_2CO_3 \rightarrow 2NaCl + CaCO_3 \downarrow$

塩化カルシウムの水溶液では＋2価のカルシウム陽イオンCa^{2+}と−1価の塩化物イオンが1：2の割合で存在している。一方、炭酸ナトリウムの水溶液では＋1価のナトリウム陽イオンNa^+2個と−2価の炭酸イオン$CO_3{}^{2-}$が2：1の割合で存在している。これらの溶液を混合するとイオンが4種類に増加することになる。イオン種の増加を防ぐためには、炭酸カルシウムという水不溶性の物質を生成して、沈殿させ、水系から外せば、2種類のイオンからなる元の水系を守れるというわけである。

自然界でも、サンゴや貝類の殻は炭酸カルシウムにより構成されているのだが、これも、生物自身が水中の塩化カルシウムと水溶性炭酸塩を利用して造りだしたものである。

Ⅵ-4 不溶性化合物の種類

不溶性化合物には次のようなものがある。

△金属の酸化物・水酸化物は水に溶けない。ただしアルカリ金属の場合は水溶性であり、アルカリ土類金属もわずかに溶ける。

水酸化バリウムの溶解度は5.6g／100ml(25℃)である。

△金属の炭酸塩は水に溶けない。

アルミニウムやクロムのような金属には炭酸塩がないのでこの原則は適用できない。

アルカリ金属は例外でリチウム以外は水溶性である。

△硫酸塩が不溶性である金属元素

アルカリ土類金属・鉛の硫酸塩は水に溶けない。そのため昔はバリウムや鉛の重量分析に使われていた。

Ⅵ-5 不溶性化合物の複分解反応

塩化第一銅CuClやシアン化銅CuCNは、水に難溶性の物質である。

塩化第一銅にシアン化ナトリウムNaCNを作用させると複分解して塩化第一銅よりさらに溶解度の低いシアン化銅が生成し食塩NaClが遊離する。

$$CuCl + NaCN \rightarrow \quad CuCN + NaCl$$

Ⅵ-6 共通イオン効果

硫酸スズSnSO$_4$の飽和水溶液に硫酸H$_2$SO$_4$を加えると硫酸ス

ズの結晶が析出する。この現象の解説にもル・シャトリエの原理が適用でき、増加した硫酸イオンを減らそうとする方向に反応が進むことになる。すなわち硫酸スズの結晶を生成させて水溶液から除外する反応が起きる。平衡状態にある相に共通のイオンを含む溶液を加えると、そのイオン濃度を減少させる方向に反応が進む。これを共通イオン効果という。

VI-7　ガスの反応もル・シャトリエの原理で説明

　ル・シャトリエの原理によれば、反応に関与している物質の分圧や濃度を上げると、平衡はその物質を消費して分圧や濃度を下げる方向へ移動する。逆に、反応に関与しているある物質の分圧や濃度を下げると、平衡はその物質を生成して分圧や濃度を上げる方向へ移動する。

　ハーバー法によるアンモニアNH_3の製造 (空中窒素固定法) はル・シャトリエの原理を解説する際によく用いられる。

　$3H_2 + N_2 \rightarrow 2NH_3 + 92kJ$

　反応条件：高温500〜600℃・高圧200〜500気圧・触媒$Fe_3O_4/K_2O/Al_2O_3$

　この反応式は3モルの水素H_2と1モルの窒素N_2から2モルのアンモニアNH_3と熱が生成する化学反応である。

　この反応は発熱反応であるから、反応温度を下げた場合、平

衡は反応熱を放出して反応温度を上げる方向へ移動する。

　アンモニア合成では、反応温度を下げると、アンモニアが生成する方に平衡が移動する。

　アンモニア合成のような気体の反応では、全圧を上げると平衡は気体分子の数を減らして圧力を下げる方向へ移動する。いま水素3体積と窒素1体積（合計4体積）から、アンモニア2体積ができるので、体積は半分になる。アンモニア合成反応では圧力を高くすると、アンモニアが生成する方向に平衡は移動する。

コラム ＞ 触媒

　触媒とは、特定の化学反応の反応速度を速める物質で、自身は反応の前後で変化しないものをいう。

　反応によって消費されても、反応の完了と同時に再生し、変化していないように見えるものも触媒とされる。

　適切な触媒を用いれば、通常では反応しないような活性の低い水素分子を反応させることもできる。

　ハーバー法によるアンモニア合成でも、水素分子および窒素分子の反応性を高めるという重要な働きをしている。

第VII章

酸化還元反応

電子のやりとりで酸化数が変化する反応を酸化還元反応という。

Ⅶ-1 酸化と還元

銅線を空気中で加熱すると、金属銅Cuは酸素と化合して、黒色の酸化銅（Ⅱ）CuOができる。このように、物質の酸化数（原子価）が増える反応を酸化反応という。この反応では「0価の金属銅Cuは酸化剤の酸素O_2により＋Ⅱ価の酸化銅に酸化された」という。

$2Cu+O_2 \rightarrow 2CuO$

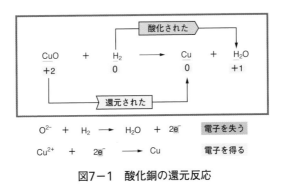

図7－1　酸化銅の還元反応

加熱した酸化銅（Ⅱ）を水素と反応させると、酸化銅（Ⅱ）は酸

素を失って、金属銅に戻る。このように、酸化された物質が酸素を失って酸化数が0価の金属銅に戻る反応を還元といい、この反応では「酸化銅（Ⅱ）は還元された」という

　このとき水素は酸素と化合しているので「水素は酸化された」という。

$$CuO + H_2 \rightarrow Cu + H_2O$$

　化学では、酸化力の強い物質を酸化剤、還元力の強い物質を還元剤と言う。

Ⅶ-2　金属のイオン化傾向

　金属には酸化されやすい金属と酸化されにくい金属がある。
「イオン化傾向」は金属が持つ特有の性質であり、水溶液中

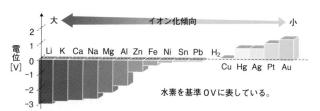

水素電極の電位を基準（0V）としたときの各電極の電位を**標準電極電位**という。標準電極電位が小さければ小さいほど電子を放出しやすい。つまり、陽イオンになりやすく、酸化されやすい。イオン化列は標準電極電位をもとに決められている。

図7-2　イオン化傾向

に溶け出した金属イオンを回収するのに利用されている。

　ある金属イオンAを含む水溶液に、金属Aよりもイオン化傾向の大きい金属Bを浸すと、浸した金属Bは陽イオンになって溶け出し、水溶液中の金属イオンAは析出して、スポンジ状の金属になる。

　金属を含む鉱石は、鉱床から産するが、経済的に無価値なため採掘の対象とならない鉱物のことを脈石という。脈石は、鉱石中の不用部分で選鉱の工程で除去され、堆積場へ野積にされる。

　銅鉱山では堆積場に生息する硫黄バクテリアの作用で銅イオンが流出し、これを銅イオンよりイオン化傾向が大きい金属鉄や金属アルミニウムで回収している。

$Cu^{2+} + Fe \rightarrow Cu + Fe^{2+}$

$3Cu^{2+} + 2Al \rightarrow 3Cu + 2Al^{3+}$

Ⅶ-3　電気分解

　電解質の水溶液や融解した塩に、電気エネルギーを与えて酸化還元反応を起こし、目的の金属を得る操作を金属の電気分解という。

　電源の正極とつながり電子が流れ出していく電極を陽極といい、電源の負極とつながり電子が流れこむ電極を陰極という。

陽極では酸化反応が起こり、陰極では還元反応が起こる。

電気分解反応が産業利用されている例としては、食塩からの水酸化ナトリウムNaOH（苛性ソーダ）製造、アルミニウム・銅・亜鉛などの金属精錬があるほか、電気めっきも古くから行われているものである。

コラム > イオン交換膜法による高純度水酸化ナトリウム製造

NaCl水溶液を電気分解すると、高純度の水酸化ナトリウム・水素H_2・塩素Cl_2が得られる。

$2NaCl + 2H_2O \rightarrow 2NaOH + Cl_2 + H_2$

塩素から製造される有機塩素化合物や塩化ビニル樹脂は、その毒性および焼却処理で塩化水素やダイオキシンを生成する点などが問題となっている。

コラム > 固体電解質

固体電解質は、安全性やエネルギー密度の高さが以前から期待されていた一方で、抵抗が大きいため、大きな出力は得られないと長年言われてきた。

短所を克服すべく様々な研究開発が行われてきており、安定性に勝る酸化物系を用いるグループと、伝導率に勝る硫化物系に注目しているグループに二分される。

実現性が高いとされる硫化物系の全固体電池では、リチウム・スズ・ケイ素・リン・硫黄からなるセラミック粉末を電解質としている。こ

れを金属容器に入れ、正極・負極材料で挟んだ構造になっている。2017年夏には、東京工業大学の菅野教授により、新しい固体電解質材料が発見されている。スズとケイ素を組成に組み込んだもので、従来の液体電解質に匹敵する電気の流れやすさを示すイオン伝導率を持ち、既知の組成に比べて材料が安価で、しかも合成しやすいという特徴を兼ね備えている。

　従来期待されていた安全性やエネルギー密度の高さに加え、新材料では出力密度についても、本質的にイオン伝導率を高め、出力を増やせることを示したことになる。しかし、一向に電池メーカーが採用したという話を聞かない。

第VIII章

有機化合物
organic compound

18世紀までは、有機体に由来する化合物には生命力が宿っており、特別な性質を持つものであるとみなされていた。19世紀に活躍したスウェーデンの化学者、イェンス・ベルセリウスは物質を「生物から得られるもの」と「鉱物から得られるもの」とに分け、それぞれ「有機化合物」「無機化合物inorganic compound」と定義している。

　ベルセリウスの下で指導を受けたことのあるドイツの化学者フリードリヒ・ヴェーラーは1828年に、無機物であるシアン酸アンモニウムを加熱することによって、有機物である尿素を得た。このことから有機物は必ずしも生物に付属したものに限定されないと考えられるようになった。その後、炭素の化合物のことを有機化合物と呼ぶことになり、現在では生物を介さず化学的に合成された多数の化合物が有機化合物の物質群に含まれている。

　ただし炭素を含む化合物であっても、単純な化合物・一酸化炭素CO・二酸化炭素CO_2・炭酸塩$M\text{-}CO_3$・シアン化水素（HCN青酸）およびその塩・シアン酸塩$-CNO$・チオシアン酸塩$-CNS$等は例外的に無機化合物に分類し、有機化合物には含めない。この例外は慣習的に決められたものであり、現在では単なる「便宜上の区分」にすぎない。

　有機化合物という名称は、「生物由来の有機化合物」という意味で「天然物」あるいは「天然化合物」という用語が使用されることもある。

　有機化合物は、炭素原子が共有結合で結びついた骨格を持ち、ファンデルワールス力（分子間力）で集合し、液体や固体と

なっているため、沸点・融点が低いものが多い。

有機化学は元来、生物を構成する物質を扱う学問であり、生化学と密接に関連している。現在では生化学や高分子化学の基礎と位置づけられており、有機化学における手法は、生化学における化学反応の理解や生体物質の解析などに応用されている。

有機化学の歴史の中で特筆すべきものとして、ベンゼン核（フェニル基・ベンゼン環）を有する芳香族化合物と称する一連の化合物の発見が挙げられる。

ベンゼンは有機合成工業の基礎原料となる物質であるが、古くからその毒性が知られていた。

現在は有害物質に指定されており、溶剤としての使用は禁止

官能基の種類	構造	一般名	例	
ヒドロキシ基（ヒドロキシル基）	$-OH$	アルコール	エタノール	C_2H_5-OH
		フェノール類	フェノール	C_6H_5-OH
アルデヒド基	$-C\begin{smallmatrix}{=}H\\ \diagdown O-\end{smallmatrix}$	アルデヒド	アセトアルデヒド	$CH_3-C\begin{smallmatrix}\diagup H\\ {=}O\end{smallmatrix}$
カルボニル基（ケトン基）	$>C=O$	ケトン	アセトン	$\begin{smallmatrix}CH_3\diagdown\\ CH_3\diagup\end{smallmatrix}C=O$
カルボニル基	$-C\begin{smallmatrix}{=}O\\ \diagdown OH\end{smallmatrix}$	カルボン酸	酢酸	$CH_3-C\begin{smallmatrix}{=}O\\ \diagdown OH\end{smallmatrix}$
ニトロ基	$-NO_2$	ニトロ化合物	ニトロベンゼン	$C_6H_5-NO_2$
スルホ基	$-SO_3H$	スルホン酸	ベンゼンスルホン酸	$C_6H_5-SO_3H$
アミノ基	$-NH_2$	アミン	アニリン	$C_6H_5-NH_2$
エーテル結合（エーテル基）	$-O-$	エーテル	ジエチルエーテル	$C_2H_5-O-C_2H_5$
エステル結合（エステル基）	$-C\begin{smallmatrix}{=}O\\ \diagdown O-\end{smallmatrix}$	エステル	酢酸エチル	$CH_3-C\begin{smallmatrix}{=}O\\ \diagdown O-C_2H_5\end{smallmatrix}$

図8－1　官能基による有機物の分類

されている。

　当時、ベンゼンが炭素原子6個に水素原子6個が結合している化合物であることは判明していたが、その分子構造は謎に包まれ、化学界では議論が交わされ大問題になっていた。ベンゼンの奇妙な性質の原因が解明されるのは量子力学が導入されてからである。

Ⅷ-1　石炭化学の誕生

　石炭化学とは、石炭を原料として各種の化合物を造り出す工業化学である。

　石炭をビーハイブ式と呼ばれるコークス炉で、日本の炭焼窯によく似た窯の中へ石炭をつめて着火し、一通り火が回ったら空気口を閉め，石炭の部分燃焼による発熱によって乾留を行う方式でコークスを製造し、これを鉄鉱石の還元剤として高炉で用い、イギリスの産業革命は始まった。

　その後、石炭の蒸焼き（乾留）の方式が変わり、生成する油状物質であるタールとシアン化合物や硫化水素等を含む水溶液（ガス液）がテムズ河に無処理で放流されたため河はひどく汚染され、この処理に困るタールやガス液は「悪魔の水」と呼ばれ、産業廃棄物処理問題と環境汚染を引き起こした。

　処理に困る産業廃棄物であった「悪魔の水」はやがてタール

を原料にする芳香族化合物製造工場の誕生により、一大有機化合物工業が発展する兆しが見えてきた。

❶ 石炭の蒸焼　コークス炉の誕生

　ニューコメンの蒸気機関を改良し、馬力という単位を考案したジェームス-ワットの支援者であるイギリスの技術者マードックは、石炭を鉄の函に詰め込んで外側から加熱することで良質のコークスを得ようと考えた。

　1792年、彼はロンドンのソーホーにある自分の工場の片隅に、石炭が約7kg入る鉄の函を置いて実験を始めた。石炭を蒸焼きにすると、臭いガス（石炭ガス）・真黒でドロドロのコールタール（油分）・臭い水（ガス液）とコークスが生成する。最初はなかなか良質のコークスが得られず、また、臭いガスやコールタールの処理も困りものであった。この実験が行われた1792年といえば、フランスに革命の嵐が吹き荒れていた年で1794年には化学の父といわれたラボアジェが断頭台の露と消えている。

　何回も失敗を重ねた結果、マードックは蒸焼き時に鉄の函から発生する臭いガスが明るく輝いて燃えることを見出し、これを灯火として利用することを思いついた。1795年頃には、発生するガスをパイプで導き、自宅の灯りとして用いることに成功した。ボールトン・アンド・ワット商会のソーホー工場内にあった彼の小屋はガス灯で照明された世界初の住宅になった。

　1797年には、石炭ガスを燃料にするガス灯がマンチェスター警察長官の邸宅の街灯として設置され、1807年には、パル・

マル街Pall Mallに32基のガス灯が設置された。1812年には世界初のガス会社「ロンドン・ガス・ライト・アンド・コーク・カンパニー」が誕生している。

　日本ではイギリスに遅れること60年、1872年に「日本社中」という会社が設立され、ガス灯が横浜の街を照らした。

Ⅷ-2　悪魔の水から有機化合物 －ベンゼンの発見－

　1820年代初頭、コールタールの蒸留によって得られる刺激臭のある白色固体について2つの別々の報告がなされた。1821年、ジョン・キッドはこれら2報の発表を引用し、この物質の性質の多くとその生産方法について記述した。キッドは、この物質がナフサの一種から得られていたため「naphtaline」という名称を提案した。ナフタリンは2つのベンゼン環からなる芳香族炭化水素である。

　イギリスの科学者ファラデーは1825年に、鯨油を熱分解したときの生成物の中からベンゼンを初めて発見した。照明用ガスにも含まれていて、冬期にガス管を詰まらせる原因になっていた物質であるベンゼンを単離した。その組成式を決めたファラデーは「炭素と水素の新化合物について」という論文にまとめて伝統ある世界初の科学ジャーナル「フィロソフィカル トランスアクション：哲学的取引」に投稿した。ファラデーはベン

VIII. 有機化合物 organic compound

ゼン以外にも数々の有機化合物について、発見あるいは構造を決定している。ファラデーは電磁気学と電気化学における功績がよく知られているが、有機化学の分野でも優れた研究者であることが判る。なおベンゼンという名称は、ドイツの化学者ミチェルリヒが1833年に、安息香酸benzoic acidと生石灰を蒸留して得た物質にベンゼンbenzeneと名付けたことに由来する。

コラム ▶ マイケル・ファラデー Michael Faraday

　19世紀、イギリスが生んだ天才科学者、ファラデーは、科学の発展に史上最高の影響を及ぼしたとされる実験主義者である。特に電磁誘導の法則・反磁性・電気分解の法則などを発見したことは、電磁気を利用して回転する装置である電動機・モーターの発明へとつながり、その後の発電機やモーター技術の基礎を築いた。1662年に新しく形成された「自然知識向上のためのロンドン王立協会」が発行する雑誌で、チャールズ2世によって権威を付与された。世界初の学術雑誌の第1巻は、今日の雑誌とは非常に異なる体裁のものではあったが、本質的には自然知識向上の機能を果たすものであり、学会のフェローと他の興味を持った読者に最新の科学的発見を伝えた。

　ファラデーが1860年に、青少年のために王立研究所で行ったクリスマス連続講演6回分の内容は、後にクルックス管の発明者であるウィリアム・クルックスにより編集され「ロウソクの科学」として1861年に出版された。

　1860年といえば日本では安政7年にあたり、咸臨丸が太平洋を横断航行した年であり、37日後の安政7年3月17日にサンフランシスコへ到着している。同じ年の3月3日には、桜田門外の変で、大老井伊直弼が暗殺され、元号が万延に改元されている。

　筆者は、高校時代の化学の恩師の蔵書から、岩波新書の「ロウソクの科学」をお借りして、読んだ記憶があるが、昔のことなので、内容はよく覚えていなかった。

　2010年9月、岩波文庫から再刊された「ロウソクの科学」を60年ぶりに改めて読み直してみるとファラデーの偉大さがよくわかる。

　ロウソクの燃焼から、少年少女にも判りやすく、当時の最先端の化学知識を教えられる人は、現代の科学者の中でもほとんどいないといえよう。そのためか、これだけ弁舌爽やかな人は、科学者のなかでは珍しいと伝えられている。ただ1つ、「私たちが開国させたおかげで、あの世界のはての日本から取り寄せることのできたロウソクもここにきております。」日本では反論が出そうな記述である。

コラム ＞ ベンジンbenzine

　英語ではベンジンbenzineとベンゼンは発音が同じというが、その真偽は確かめていない。

　クリーニング代を節約するため、皮脂で汚れた背広の襟をベンジン（揮発油）で拭く作業が家庭で行われてきた。現在はガスライターが普及しているが、その前身であるオイルライターの燃料にはベンジンが用いられており、これを発火合金で点火する方式であった。

　ベンジンは、原油から分留精製される揮発性の高い可燃性の液体であり、主として炭素数5〜10の飽和炭化水素からなる混合物である。揮発油・ナフサ・ガソリン・石油エーテル・リグロインなどとも呼ばれるが、用語の使い分けは添加剤の有無や用途、地域によって異なる。

　日本では、原油の分留で得られる半製品をナフサ・燃料用途のナフサをホワイトガソリン・内燃機関用にナフサを接触改質しオクタン価を調整したものをガソリン・軽質ナフサから造られ、白金触媒式カイ

ロや溶剤などに用いられるものをベンジンと呼ぶ慣行がある。

　塗料業界などではホワイトガソリンをミネラルターペンとよび、塗料やインキの溶剤として使用する。昔、油絵具や塗料の溶剤として使われていたターペンチンオイル［別名テレビン油・松精油］は、マツ科の樹木のチップあるいはそれらの樹木から得られた松ヤニを水蒸気蒸留することによって得られる精油である。現在は高価なため、ミネラルターペンと称する石油系の溶剤で代用されている。

Ⅷ-3 ベンゼンの工業的製造法

　ベンゼンの工業的製造法には以下のものがある。

・粗製ガソリンであるナフサの接触改質

・エチレンプラントにおける水蒸気クラッキングの副産物

・トルエンの脱アルキル化または不均化

・石炭乾留コークス製造の副産物

　第二次世界大戦までは、製鉄産業のコークス炉からの生成する副産物としてベンゼンが生産されていた。

　1950年代になると、プラスチック産業の成長によりベンゼンの需要は増加し、石油からのベンゼン生産が求められるようになった。今日ではベンゼンの9割以上は石油化学工業で生産され、石炭からの生産は少なくなっている。

　原油を蒸留することで得られた重質ナフサ留分は、オクタン

価40〜50程度と低く、パラフィンや環状炭化水素が主成分であり、これを水素化脱硫する。

接触改質触媒の触媒毒となるナフサ中の硫黄・窒素・金属などの不純物を除去した上で接触改質装置に供給する。

改質触媒は、固体酸の一種である焼成ゼオライトを担体にした白金やレニウムの貴金属触媒に塩素を添加したものが主流である。接触改質反応は水素存在下500℃程度で行われる。

オクタン価100程度の改質ガソリンはベンゼン・トルエン・キシレン(BTX)などの芳香族炭化水素に富んでいるので石油化学原料としても重要である。

2018年の日本国内の純ベンゼン生産量は4,012,491t、工業消費量は1,988,911tである。

Ⅷ-4 ベンゼンを原料にする製品

現在ベンゼンは他の有機物を製造するための原材料として利用されている。用途の大部分を占めるのが、プラスチック原料のスチレンや樹脂や接着剤の原料になるフェノール、ナイロン製造に用いるシクロヘキサンなどである。その他にゴム・潤滑剤・色素・洗剤・医薬品・爆薬・殺虫剤などの製造に用いられている。かつては高性能な有機溶剤として利用され、特に金属部品からグリースを除くのに使われたほか、ペンキはがし・

染み抜き・ゴム糊などの家庭用製品にも広く使われていたが、毒性が明らかになるにつれ、より毒性の少ないトルエンなどの他の溶剤に取って代わられた。

日本では労働安全衛生法と特定化学物質障害予防規則により溶剤としての利用は原則禁止されている。

1950年代に四アルキル鉛に代わるまで、オクタン価を上げてノッキングを防ぐためガソリンに添加されていたが、その毒性からベンゼン含有量を削減したガソリンが発売されているが、世界的に有鉛ガソリンが廃止される過程で、再びベンゼン添加が行われるようになった国もあると言う。

ベンゼンとその誘導体は芳香族という、有機化合物の分野で大きな地位を占めている。

コラム　亀の甲

　ベンゼンの六角形は亀の甲羅の模様に似ているので、有機化学全般を指して「亀の甲」と呼ぶことがある。

　昔、ある雑誌に文科系の人が書いたと思われる「亀の子たわしは難しくて判らない」と言う記述を見付けたことがある。「亀の子たわし」はその形状が亀に似ていることから名づけられたものであり、有機化学とは無関係である。このような基本的な知識もない人がいることに驚いたのを覚えている。

Ⅷ-5 タール系染料の誕生

　1853年、パーキンは15歳でロンドンの王立化学大学Royal College of Chemistryに入り、高名なホフマンの下で学んだ。当時、ホフマンは、マラリアの治療薬として大きな需要がある高価な天然物であったキニーネの合成に取り組んでおり、パーキンはホフマンの助手の一人として、一連の実験に従事していた。

　1856年、学生であったパーキンは、タールから得たアニリンをクロム酸で酸化し、これをエタノールに溶かすことで紫色の溶液を得ることに成功した。当時は衣服を染色する染料はすべて天然物より抽出されていたため、染料の多くは高価であった。古来、紫色は高貴と名声の象徴であり、特に高価で入手困難な染料であった。当時のヨーロッパでは紫色の染料は極めて高価な貝紫の粘液腺から得られるチリアンパープルしか知られておらず、しかもこの染料の生産過程は変わりやすく手間がかかるものであったことから、パーキンと友人のチャーチ兄弟はこのタール系合成染料の発見は商業的成功につながると考えた。

　この溶液を「モーブ」と名付けたパーキンは、1856年8月、わずか18歳にして特許を取得することになった。

　パーキンの成功により、無数のアニリン染料が生まれ、数多

くの色調の染料が生まれた。彼らに関連のある工場が広くヨーロッパ中に広がると、織物と染料による国家間の商業競争が勃発した。アニリンは後に、タールから得られるベンゼンを原料に大量生産されるようになった。

当時の化学者は研究に専念する者が多く、化学という学問をビジネスや消費に結びつけ、商業的な成功を収めた点で、パーキンは特異な存在である。

VIII-6 化学工業の躍進

産業革命で織物工業が発展すると、合成染料が天然染料に取って代わるようになり、タールから合成染料を製造する技術が有機合成工業として勃興する。一方、タールから得られる石炭酸からは爆薬のピクリン酸やフェノール樹脂を製造する技術などが開発され、石炭を原料にする化学工業が躍進する。

有機化学工業やアンモニア製造工業は石炭を原料に進められてきたといえる。

世界の化学工業各社はこぞってコークス炉を建造した。生成するコークスで水を還元して合成ガス（H_2・CO水性ガス・発生炉ガス）を造り、合成した水素H_2と空気中の窒素N_2からアンモニアNH_3を製造し化学肥料や硝酸HNO_3の原料にしたのである。

$$C + H_2O \rightarrow CO + H_2$$

$$CO + H_2O \rightarrow CO_2 + H_2$$
$$N_2 + 3H_2 \rightarrow 2NH_3$$
$$NH_3 + 2O_2 \rightarrow HNO_3 + H_2O$$

石炭ガスや合成ガス中には硫化水素H_2Sが含まれており、様々な合成反応に用いられる金属触媒は、硫化水素によって被毒し、硫化物となってその作用を失うことが多く、これを避けるためには硫化水素を除去する必要があり、砒素化合物を使うタイロックス法が採用された。

これが今日の化学工場における、砒素による土壌汚染の原因である。

コラム > 豊洲市場とヒ素汚染

2004年7月に「豊洲新市場基本計画」が策定され、2014年をめどに築地から江東区豊洲への移転が決定した。東京都側と築地市場業界との協議機関として、新市場建設協議会が設置され話し合いが進められたが、2008年の調査の際に地中から環境基準の4万3,000倍を超えるベンゼンが検出され、移転反対運動が起きてしまった。

元々この土地は東京ガスのコークス炉が稼働していた場所である。石炭を乾留してコークスおよび都市ガス用の石炭ガスを得ていたほか、副成物としてタールとガス液が生成していた。土壌汚染対策に不備があったために、ベンゼンや砒素などの有害物質が環境基準を超えて検出されたと考えられる。

タイロックス式脱硫装置と砒素土壌汚染

なぜ、豊洲新市場（ガス工場跡地）から、シアン化合物や砒素等の土壌汚染が見つかるのか。それはコークス炉から発生するガス液の垂れ流

しやガス中の硫化水素H$_2$Sを除去する際に、砒素化合物(タイロックス法)が戦前から用いられてきたからである。タイロックス式脱硫装置は1929年アメリカのコッパース社のH.A.Gallmarにより開発され、それ以来世界各国で採用されていった。

　日本では、1934年東洋高圧でアンモニア合成用水性ガスの脱硫に採用されたのが最初で、その後各社で採用されている。

　本法はタイロックス液「チオ砒酸ソーダNa$_4$As$_2$S$_5$O$_2$またはチオ砒酸アンモニウム(NH$_4$)$_4$As$_2$S$_5$O$_2$溶液」でガスを洗浄し、硫化水素H$_2$Sを除去するもので、除去率は通常95〜99％位と良好である。

◎装置の概要

　本装置は内部木製簀子充填する吸収塔でタイロックス液に吸収させた硫化水素液を再生塔へ送り、上部に備えた硫黄分離器で分離する装置・空気圧縮機(回転圧縮機-往復圧縮機)・真空炉過機による硫黄回収装置・ポンプ・タンクよりなる。

　石炭乾溜ガスは洗浄塔の下部から入って上昇するあいだに上部からのタイロックス液により脱硫される。塔より出た液は酸化塔の底に送られ、空気と共に塔を上昇し、その間に酸化されて硫黄を遊離する。硫黄は膠質性微粉状となって空気と共に液中に浮揚し、硫黄分離器において浮滓となるので液と分離し、液は洗浄塔の頂部に送って再使用する。

　硫黄は真空炉過器にて脱水し、コロイド硫黄として回収する。

主反応　　　Na$_4$As$_2$S$_5$O$_2$+H$_2$S→Na$_4$As$_2$S$_6$O+H$_2$O
再生反応　2Na$_4$As$_2$S$_6$O+O$_2$→2Na$_4$As$_2$S$_5$O$_2$+2S

　チオ砒酸アンモニウム溶液の場合 (NH$_4$)$_4$As$_5$S$_2$O$_2$

作業条件例

吸収塔ガス抵抗(水柱)15〜30mm

吸収塔入口ガス温度5〜20℃

吸収塔出口ガス温度35〜40℃

　タイロックス液　温度　42℃・pH=7.6

　砒素　As_2O_3　4g/L

　タイロックス液の調整

　タイロックス液は循環液系統における必要量を算定し4g/LのAs_2O_3
濃度を保つようにアルカリ液の所要量を決定する。

原料ガス中のH_2S量

　脱硫前　11.0 g/m^3

　脱硫後　0.55 g/m^3

脱硫率　95.0%

亜砒酸使用量

　60.0 $g/1000m^3$乾溜ガス

アンモニア使用量

　1.0 $kg/1000m^3$乾溜ガス

日本における実施例

　東洋高圧（北海道・彦島・大牟田）・住友化学（新居浜）・東海硫安・協和
醗酵（宇部）・宇部興産・別府化学

Ⅷ-7　ベンゼンの構造

　ベンゼンが炭素原子6個に水素原子6個が結合している化合
物であることは判明していたが、その分子構造は謎に包まれ、
化学界では議論が交わされ大問題になっていた。6員環構造を
思いついたのは、ドイツの化学者ケクレである。ケクレはヘビ

（ウロボロス）が自分の尻尾を噛んで輪状になっている夢を見てこの構造を思いついたといわれているが、真偽のほどは定かではない。

　ベンゼンは6個の炭素原子が空間で平面正六角形を形成し、6個の水素原子は炭素原子に結合して、6員環構造の六角形をつくっている。+4価の炭素原子の原子価を考慮すると、この環には3個の一重結合と3個の二重結合が交互になければならない。

　現在、ベンゼンは6員環構造C_6H_6の分子構造が知られており、6個の炭素原子を簡単に六角形で示すベンゼン環が用いられている。ただしこれは有機化学者の習慣であり、しばしば水素原子をも省いて、環についている他の基だけを示す形で表現されることが多い。

　ベンゼンから誘導される炭化水素は、水素原子をメチル基または類似の基で置換することで得られる。この種の化合物であるトルエン$C_6H_5CH_3$や2個のメチル基の結合位置が異なるオルト・メタ・パラからなる3種のキシレンXylene: $C_6H_4(CH_3)_2$に対しては2つのケクレ構造が書ける。

Ⅷ-8 ベンゼン系化合物（芳香族）の構造

❶ オルトキシレン

オルトキシレンに対する2つのケクレ構造は、メチル基のついている炭素原子同士の間に二重結合があるものと、この位置に一重結合があるものがある、昔の有機化学者は、この2つの式に対応する2つの物質すなわち異性体を分離することは不可能であることを見出していた。

ケクレはオルトキシレンが分離不可能であることを説明するために、この分子は一方のケクレ構造に止まっているのではく、一方から他方へ容易に変化しうるものであろうと推測した。

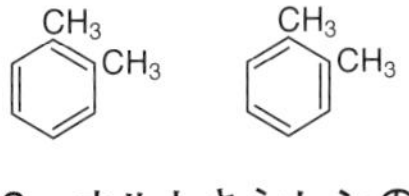

図8-2　オルトキシレンの構造式

分子構造に関する現代の理論では、これら2つの構造は別々の形のオルトキシレンに対応するものではなく、またどちらか一方だけではこの分子を満足に表わせないとし、実際のオルトキシレンの分子構造はこれら2つの構造の混成であって、環の中の2つの炭素原子の間の各結合は一重結合と二重結合の中間

の性質を持っているというのである。この共鳴構造はベンゼン
やそれと関連した化合物に対し認められている。そのため六角
形の中に○を描いてベンゼンが共鳴構造にあることを示す記述
法もみられる。

構造式

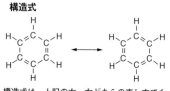

構造式は，上記の右，左どちらの表し方でも
よい。また下図のように略記することが多い。

略記法

図8−3　ベンゼンの構造式と略記法

❷ オルト・メタ・パラ　芳香族の位置異性体

　ベンゼン間の2置換体の位置異性体をオルトortho-・・メタ
meta-・パラpara-と分けて表示する。なお「オルト」「メタ」「パ
ラ」というのはギリシア語に由来する接頭語である。
　キシレンの位置異性体について、**図8−4**に左からオルト・
メタ・パラを表す。オルトo-は、隣接した位置に置換基が結
合したものであり、メタmeta-は、炭素を1つ飛ばした位置に
結合したものである。パラpara-は、2つの置換基が対面した
位置に結合したものである。

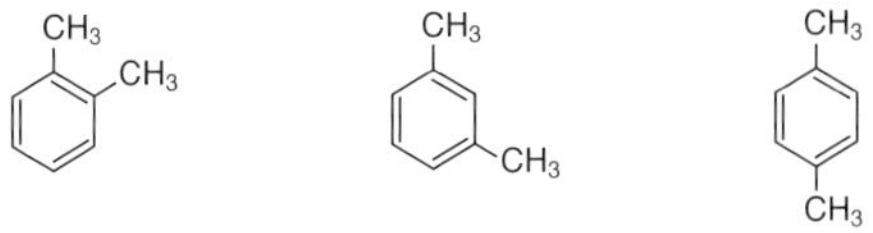

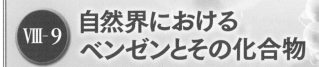

σ-キシレン　　　　　m-キシレン　　　　　ρ-キシレン
（1,2 ジメチルベンゼン）（1,3 ジメチルベンゼン）（1,4 ジメチルベンゼン）

図8－4　キシレンの異性体

Ⅷ-9 自然界における ベンゼンとその化合物

　ベンゼンは炭素の豊富な素材が不完全燃焼すると生成する。自然界では火山噴火や森林火災でも発生し、タバコの主流煙・副流煙にも含まれる。ダイオキシンは自然界で生成すると言われていた。自然界で起きる炭素化合物の塩素化による有機塩素化合物を生成するオキシクロリネーションを起こすためには、塩化水素が発生する必要がある。

　不揮発性酸に食塩のような塩化物を作用させれば、揮発性酸である塩化水素は発生する。しかし、自然界に存在する無機不揮発性酸と言えば珪酸塩鉱物があるが、噴火や森林火災は滅多に起きないし、仮に塩化水素が発生しても、その量は微々たるもので、有機塩素化合物の発生には結びつかない。

　塩化ビニル樹脂を不完全燃焼させるとダイオキシンやベンゼンが生成することが知られているが、塩化ビニルは人間が合成した物質であり、もともと自然界には存在しない物質である。

❶ 生体中に存在するフェニル化合物 （芳香族化合物）

ベンゼンの単体は人体に有毒であるが、ベンゼンの誘導体であるベンゼン化合物は、必須アミノ酸やホルモンとして人体にも多種類存在する。

（1）フェニルアラニンphenylalanine

フェニルアラニンは必須アミノ酸の一種で、牛乳・卵・肉などの食品中のタンパク質構成アミノ酸である。アラニンの側鎖の水素原子が、フェニル基で置き換えられた構造がこの名称の由来である。室温では白色の粉末性固体である。

図8−5　フェニルアラニンの構造

他のアミノ酸と同じように、D体とL体の2つの光学異性体を持つ。L-フェニルアラニンLPAは天然に存在する化合物であり、DNAによって造られるアミノ酸である。

D-フェニルアラニンDPAは化学合成によって人工的に作り出される化合物である。L-フェニルアラニンは生体内で L-チロシンに変換され、さらに L-ドーパとなる。これがさらにドーパミンやノルアドレナリン、アドレナリンへと誘導される。D-フェニルアラニンはフェネチルアミンに変換されるのみで

ある。

　シュガーレスガムなど多くの食品の外装に「フェニルアラニンを含む」旨の注意書きが表示されている。実際にはフェニルアラニンそのものが添加されているわけではなく、体内で分解されてフェニルアラニンを生成させる化合物を含む場合にこの表示が付される。例えば甘味料のアスパルテームは加水分解によってフェニルアラニン・アスパラギン酸・メタノールとなる。

(2) チロキシン (Thyroxine・別名：サイロキシン)

　甲状腺ホルモンの一種チロキシンもフェニル基を有する化合物である。チロキシンは、99.95％がチロキシン結合タンパク質やアルブミンなどのタンパク質と結合した状態で血液中を運ばれ、代謝量の制御に関わり、成長に影響を与えている。チロキシンはヨウ素を含有する珍しいホルモンである。原発事故でヨウ素製剤を服用させるのは、チロキシンに放射性ヨウ素が取り込まれるのを軽減するためである。日本人は海藻を食べるが、過剰に摂取するとヨウ素過多となり、甲状腺機能の低下などの障害を生ずる。

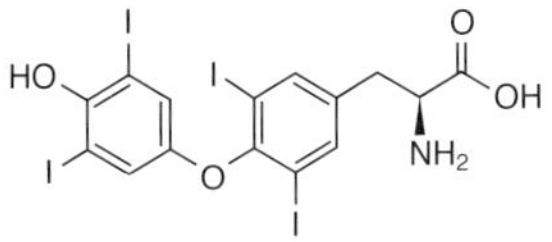

図8-6　チロキシン

(3) アドレナリン (別名：エピネフリン)

　アドレナリンは、副腎髄質より分泌されるホルモンであり、

また、神経節や脳神経系における神経伝達物質でもある。

　ストレス反応の中心的役割を果たし、血中に放出されると心拍数や血圧を上げるほか、瞳孔を開きブドウ糖の血中濃度（血糖値）を上げる作用などがある。

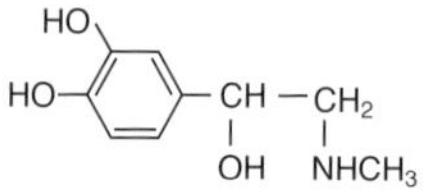

アドレナリン
（エピネフリン）

図8－7　アドレナリン

Ⅷ-10 ベンゼンの化合物（芳香族）の香水・香辛料

❶ バニリン（vanillin・別名：ワニリン）

　バニリンは、示性式 $C_6H_3(OH)(OCH_3)CHO$ で表される、バニロイド類では最も単純な有機化合物である。

　アイスクリームなどでおなじみのバニラの香りの主要成分であり、アイスクリームをはじめ、乳製品・チョコレート・ココアなどに添加されるほか、たばこにも使用される。

　バニリンはまた、オリエンタル調の香水には欠かせない素材の1つとされている。

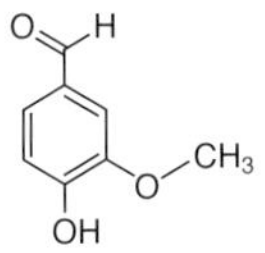

図8-8　バニリン

　バニラ豆・安息香・ペルーバルサム・チョウジ（丁子・クロー
ブ）の精油などの天然物中に含まれている。収穫されたばかり
のバニラ豆中には、配糖体であるグルコバニリンの形で存在し
ており、天日干しと密閉保温を2～3週間繰り返し発酵熟成さ
せる工程を経ることで加水分解されてバニリンが遊離し、バニ
ラ特有の香気が発現する。バニリンの量が多いときにはバニラ
豆の表面に白い結晶として析出する。

　原料に米と黒麹を使用する蒸留酒である泡盛や奄美黒糖焼
酎などでは、熟成した古酒が甘い香りを有するようになること
が知られているが、これは米由来のフェルラ酸が、蒸留中に脱
炭酸されて4-ビニルグアヤコールとなり、熟成過程でバニリ
ンに変化するからである。

　フランスの薬剤師で化学者であるテオドール-ニコラ-ゴブ
リーは、1858年にバニラエキスの乾燥物を熱水中再結晶して
この結晶物質を単離し、バニリンと名付けた。

　現在は、①サフロールバニリン・②オイゲノールバニリン・
③グアヤコールバニリン・④亜硫酸パルプの製造の際に出る廃
液中のリグニンスルホン酸をアルカリ中で酸化分解して得られ
るリグノバニリン等、4つの合成法が開発されている。

　バニラ香料の需要はバニラ・ビーンズの生産を上回り続けて

いる。2001年には全世界で1年間に12,000トンのバニリンが消費されたが、このうち天然のバニリンは1,800トンのみで、残りは合成品である。

❷ ヘリオトロピン

ヘリオトロピンはバニラ豆・セイヨウナツユキソウの花・ニセアカシアの精油などの天然物中に含まれる。

フローラル系調合香料の保留剤として広く用いられるほか、パーキンソン病の治療薬である「レボドパ」の原料になる。

リラックス効果があり、睡眠の質を向上させる効果も知られている。

半数致死量（LD$_{50}$）はラットへの経口投与で2.7g/kg。

眼に対し強い刺激性がある。特定麻薬向精神薬原料に指定されており、一定量を越える輸出入等には麻薬及び向精神薬取締法に基づく届出が義務付けられている。

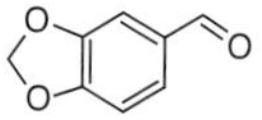

図8-9　ヘリオトロピン

「ヘリオトロピン」という名称はヘリオトロープという植物の名に由来する。1900年代にはヘリオトロープの甘い香りがする香水が流行していた。

Ⅷ-11 芳香族シアン化合物

(1)アミグダリン

　植物は子孫を遺すため、種子に毒物であるシアン化合物を含むものがある。アンズ・モモ・リンゴ・ナシ・ウメなどのバラ科サクラ属の種子には、アミグダリンという青酸配糖体が含まれている。アミグダリンは、ベンツアルデヒドC_6H_5CHOとシアン化水素HCNが反応して生成するシアノヒドリンにブドウ糖2分子からなる糖 (ゲンチオビオース) が結合している配糖体であり、エムルシンという酵素によりベンツアルデヒドとシアン化水素とゲンチオビオースとに分解する。

$$\underset{\text{アミグダリン}}{\begin{array}{c} \text{CN} \\ | \\ \text{C}-\text{O}-\beta\,\text{gen} \\ | \\ \text{H} \end{array}} + \text{H}_2\text{O} \xrightarrow{\text{酸素エムルシン}} \underset{\text{ベンツアルデヒド}}{\begin{array}{c} \text{O} \\ \| \\ \text{C}-\text{H} \end{array}} + \underset{\text{シアン化水素}}{\text{HCN}} + \beta\text{-gen}$$

β gen：ゲンチビオース

図8-10　アミグダリン

　野生のアーモンドには数十個で致死量となるアミグダリンが含まれているという。バラ科サクラ属の植物であるアーモンドの実は、うぶ毛が生えた平べったい未熟な桃のよう実は、果肉は薄くて食べられず、食べるのは成熟した種の中にある仁

（種）である。輸入品を食べている日本人にはなじみが薄いが、食用として地中海沿岸・アメリカ・オーストラリア等で栽培されているアーモンドはスイートアーモンド（甘扁桃）である。

仁の中にアミグダリンを2.5〜4％も含むビターアーモンド（苦扁桃）という苦いアーモンドもあるが、有毒なアミグダリンを含有するためアメリカでは苦扁桃の種子を販売禁止にしている。

苦扁桃の搾油かすを発酵させたものを水蒸気蒸留するとベンツアルデヒドを主成分とする油状物質が得られる。ベンツアルデヒドはアーモンド臭がする。

この油状物質は石鹸の香料等に使われていると物の本には紹介されている。実際、以前に筆者が宿泊したカナダのホテルにあった大きい化粧石鹸はベンツアルデヒドの匂がし包装紙には"ALMOND"と書かれていた。

写真8-1　ALMOND臭の石鹸

コラム ＞ シアン化合物

　シアン化合物による事件が発生すると、有識者と称する人々がシタリ顔でテレビに出演して、決まって「シアンはアンズの匂いがする」と発言する。

　ウィキペディアにも同様に記載されているが、これは誤りである。これらの有識者と称する人は本当のシアン化水素の臭いを嗅いだことがないのだろう。

　筆者が学生時代に学んだアメリカの化学者ポーリングの著書「一般化学」の中にも「苦扁桃やつぶれた果実の核の味がし、事実これらのものの臭はシアン化水素のためである。」と書かれている。

　ノーベル賞を受賞したポーリングほどの大先生でも本当のシアン化水素の臭気を知らないのであるから、日本の先生方が間違えても不思議はないと言ってしまえばそれまでである。

　「シアン化水素は、苦扁桃臭がする」という日本人にかぎって苦扁桃(ビターアーモンド)がどのような物であるかを知らないようである。

　シアン化水素は特有の不快な匂いがするが、その臭気は薄いので初心者は気付かない。筆者はシアン化水素に似た臭気を一度も経験したことはない。

　シアン化水素の臭気は、アンズの種の臭気や苦扁桃の匂いであるアーモンド臭とは全く異なる臭気である。

　苦扁桃臭(アーモンド臭)というのは、実はベンツアルデヒドC_6H_5CHOの匂いであり、これはニトロベンゼン$C_6H_5NO_2$の匂いによく似ている。シアン化水素の臭いとは似ても似つかない芳香に近い匂いであるが、これをシアン化水素の臭気と誰かが間違えてしまったものと思われる。

Ⅷ-12　芳香族香料

❶ シンナムアルデヒド・桂皮アルデヒド

　シンナムアルデヒドは芳香族アルデヒドの一種で、ニッキ・肉桂として知られるシナモンの香りの原因物質である。淡黄色の粘性のある液体で、シナモンなどのニッケイ属樹木の樹皮から得られる。シナモン樹皮から得られた精油には50%のシンナムアルデヒドが含まれる。

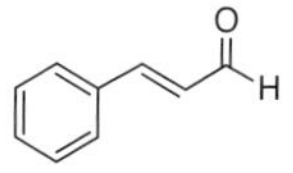

図8−11　シンナムアルデヒド

　1834年にフランスの化学者ジャン-バティストらによって桂皮油から初めて単離された。1854年にはイタリアの化学者ルイジ・チオッツァが化学合成に成功した。

　この分子はフェニル基に不飽和アルデヒドが結合した、アクロレインの誘導体と見なすことができる。紫外線領域の吸収スペクトル分析では、シンナムアルデヒドは芳香環とアルケンの共役によって、可視光側にアクロレインには見られない吸収帯が現れることが分かっている。

❷ クマリン

　クマリンはラクトンの一種で、常温では無色の結晶または薄片状可燃性固体で、アルコール・エーテル・クロロホルム・揮発油に可溶で水に微溶である。

　紫外線のブラックライトを当てると、黄緑色の蛍光を発する。バニラに似た芳香があり、苦く、芳香性の刺激的な味がする。桜の葉に代表される植物の芳香成分であり、シンナムアルデヒドやコーヒー酸とともに天然の香り成分として知られている。

　桜湯や天然のオオシマザクラの塩蔵葉を用いた桜餅の香りは、これらに含まれるクマリンなどによるものである。シナモンやトンカマメなどにも含まれている。生きている葉の中ではクマリン酸配糖体の形で糖分子と結びついて液胞内に隔離されているので匂いはしないが、これを含むサクラやヒヨドリバナなどの葉や花を半乾きにしたり、破砕・塩蔵するなどすると、死んだ細胞の中で液胞内のクマリン酸配糖体と液胞外の酵素が接触し、加水分解によりクマリン酸が分離し、さらに閉環反応が起こってクマリンが生成し、芳香を発するようになる。

図8−12　クマリン

　当初は中南米に育つマメ科のトンカマメの種子から分離されていたが、1876年にウィリアム・パーキンがサリチルアルデヒドと無水酢酸の反応（パーキン反応）により合成に成功した。現在では香料・軽油識別剤・医薬品・殺鼠剤原料等に用いられている。タバコにも香料として用いられるが、発がん性が知られている。

コラム　＞　ズブロッカ

　クマリンはポーランドのウォッカであるズブロッカや殺鼠剤にも使われている。ポーランド随一のスピリッツメーカー、ポルモス・ビャウィストク社は、イネ科の多年草であるバイソングラスを使ってウォッカを造る事を政府に許可された唯一のメーカーで、ポーランド北東部の街ビャウィストクにある。バイソングラスに含まれる芳香成分クマリンはアメリカの法律により食品への利用が禁じられているため、アメリカで売られているズブロッカは人工的に着香されている。クマリンには抗酸化作用・抗菌作用・抗血液凝集作用があることが知られている。

　食品添加物としては認められていないが、インターネットショッピングや業務用販売などで桜葉や桜葉パウダーが食品素材として流通している。

　通常量の摂取では問題ないが過量摂取では肝毒性や腎毒性が懸念されるため、日常継続的に大量摂取することは好ましくない。

　クマリン誘導体のワルファリン・クマテトラリル・クマリンはビタミンKと拮抗して血液の抗凝固作用を促す効果があるため、抗凝固剤や殺鼠剤の製造原料に用いられる。通常、動物は傷を負うなどして出血したとしても、血液が固まって傷口が塞がるが、クマリンはその働き

を阻害する。つまり一度出血したら、なかなか血が止まらないことになる。ねずみがこれを数日〜1週間、少量ずつ継続して摂取すると効果が蓄積し、ゆるやかに死に向かう。摂取してもすぐに中毒症状が出ないため、ねずみは毒であることに気づかず、死に至るまで摂取し続ける。遅効性ではあるが、効果が出れば間違いなく死に至るのが特徴である。クマリン系殺鼠剤は、ねずみ以外の動物や人間にはほぼ無毒で、安全性が高いとされている。間違って摂取したとしても、よほど大量に摂取しない限り、死に至ることはない。

（1）クマリン香料

　フランスのウビガン社は1882年に、合成のクマリンを元に香水を調合することに成功し「フジェール・ロワイヤル」と名付けて発売した。これが合成材料による香水製造の始まりである。

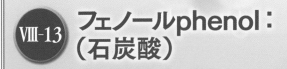

Ⅷ-13 フェノールphenol：（石炭酸）

　フェノール石炭酸は特有の薬品臭を持つ有機化合物で、芳香族化合物のひとつである。常温では白色の結晶。示性式はC_6H_5OHで、ベンゼンの水素原子の1つがヒドロキシル基に置換した構造を持つ。広義には、芳香環の水素原子をヒドロキシ基で置換した化合物全般を指す。

　石炭乾留により得られるコールタールから得られる副産物であることから「石炭酸」の名前で呼ばれていた。18世紀には消臭剤としての効果が認められ、ごみや汚水の消臭剤として散布されていた。また、英国の外科医であるジョゼフ・リスターが初期の消毒薬として使用することで、当時手術につきものであった敗血症の発生確率を大幅に下げることに成功している。

　医療器具から病院まであらゆる場所の消毒に用いられ、病院にはフェノールを噴霧するための装置が常備されるようになったが、人体に対する毒性があることから後には使用されなくなった。

芳香族化合物　◯はベンゼン環

フェノール C_6H_5OH

図8−13　フェノール

Ⅷ-14　ベンゼンと多環化合物

　ベンゼンおよびその誘導体には、炭素環を2個またはそれ以上含む芳香族炭化水素が多数存在する。ナフタリン$C_{10}H_8$は特有の香を持つ固体であり、防虫剤として使われるほか、染料や

他の有機化合物をつくる際に利用される。アントラセン$C_{14}H_{10}$とフェナントレン$C_{14}H_{10}$とは互にくっついた3つの環を含む異性体であり、これらもまた染料の製造に使われる。

コラム ❯ ベンゼンの毒性による事故

　1950年代、ビーチサンダルをゴム糊で接着する作業が内職として大阪でおこなわれていた。これに従事していた主婦などやサンダル工場で接着作業に従事していた作業員がベンゼンの継続的な吸入により、造血器系の傷害(白血病等)で死亡する事故が多発した。

　これが契機となって有機溶剤中毒予防規則が制定され、ベンゼンの毒性・発癌性が問題視されるようになり、有機溶剤としては代替品で毒性の比較的低いトルエンやキシレンが使用されるようになった。しかし、これら代替溶剤は故意の吸入(いわゆるシンナー遊び)という、別の弊害を生むことになった。現在、化学工業・理化学実験では使用が忌避される傾向にある。

　2006年春以降、英国やEU諸国で清涼飲料水から低濃度のベンゼンが検出されることが公表され、10ppbを越える製品の自主回収が要請された。生成の原因は保存料である安息香酸と酸化防止剤であるビタミンCの反応によるものとされている。

　日本でも厚生労働省医薬食品局食品安全部が市販の清涼飲料水を調査し、1つの製品で70ppbを超える濃度が検出され、自主回収を要請した。

Ⅷ-15 ベンゼンと有機塩素化合物

　カネミ油症で問題になったPCBや環境汚染で問題になったDDTなどは、ベンゼン核に塩素が結合した有機塩素化合物である。

　DDTは、かつて広く使われていた有機塩素系の殺虫剤や農薬である。毒性も強く、環境ホルモンとしての作用が問題となり、日本では1971年5月に農薬登録が失効した。『沈黙の春』（レイチェル-カーソン著）と『奪われし未来』（シーア-コルボーン他著）は化学物質による境汚染の実態を世に広く知らしめ、有機塩素化合物やその他の化合物による環境汚染を防止する規制の成立に大きく貢献した。

第 IX 章

有機物の分類

IX-1 炭化水素

　メタンCH_4・エタンH_3C-CH_3・プロパンH_3C-CH_2-CH_3・ブタンH_3C-CH_2-CH_2-CH_3等々から軟膏に使うワセリン・ろうそくに使うパラフィン・ポリエチレンまで炭素Cの鎖が一直線にながった炭素と水素Hの化合物を直鎖の炭化水素という。

　わきに炭化水素がつながった炭化水素を側鎖（イソ）の炭化水素という。イソはギリシャ語で、有機化合物の異性体を示す。

❶ ブタジエン

　炭化水素には二重結合を有するエチレンCH_2=CH_2や三重結合を持つアセチレン$CH\equiv CH$のような不飽和結合を持つ化合物もある。エチレン分子を2個結合させたものがブタジエンである。

　ブタジエンは、分子式 C_4H_6で表される二重結合を2つ持つ不飽和炭化水素である。普通は1,3-ブタジエンCH_2=CH-CH=CH_2を指す。1,3-ブタジエンはもっとも単純な共役ジエンであり、SBR（スチレン・ブタジエンゴム）などの合成ゴム生産における重要な工業中間体である。共役ジエンとは、途中に単結合をはさんで二重結合を2つ持った炭化水素のことである。

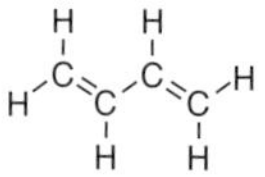

図9−1　ブタジエン

❷ アセチレン

コークスと生石灰の混合物を電気炉で約2,000℃に加熱して、カルシウムカーバイドCaC_2を製造し、これを水と反応させるとアセチレン$CH \equiv CH$が生成する。1gのCaC_2から370mlのアセチレン$CH \equiv CH$が生成することを1862年にドイツの化学者ヴェーラーが見出した。

$CaO + 3C \rightarrow CaC_2 + CO$

$CaC_2 + 2H_2O \rightarrow CH \equiv CH + Ca(OH)_2$

アセチレンを硫酸水銀触媒に通すと、塩化ビニルの可塑剤を製造する際の中間原料であるアセトアルデヒドが得られる。

$CH \equiv CH + H_2O \rightarrow CH_3CHO$

アセトアルデヒドCH_3CHOはアルコール類を飲み過ぎた時に発する嫌な臭いの元である。

コラム ▶ アセトアルデヒドと水俣病

アセトアルデヒドCH_3CHO製造工程の副反応の1つに、硫酸メチル水銀CH_3HgHSO_4と酢酸CH_3COOHが生成する反応がある。

アセチレン$CH \equiv CH$と硫酸水銀$HgSO_4$から硫酸メチル水銀ができる

ためには、水素の供与体が必要である。筆者は、アセトアルデヒドと水から生成する活性水素Hで硫酸水銀がメチル化される以下の反応を想定している。

$$CH{\equiv}CH+3CH_3CHO+2HgSO_4+3H_2O \rightarrow 2CH_3HgSO_4+3CH_3COOH$$

硫酸メチル水銀CH_3HgSO_4は水中で次のように解離していると予想される。

$$CH_3HgSO_4 \rightarrow CH_3Hg^+ + HSO_4^-$$

IX-2 アルコール

直鎖の端末にOH基1個付けた化合物をアルコールという。炭化水素の水素原子をヒドロキシ基-OHで置き換えた物質の総称である。有機化学ではOH基をヒドロキシ基と言う。ただし、芳香環の水素原子を置換したものはフェノール類と呼ばれ、アルコールと区別される。

アルコールの炭素原子は他の炭素原子、または水素原子に結合する構造になっている。

アルコール類は、生体内での主要代謝物の1つであり、生体内に多種多様なアルコールが広く見いだされる。

脂肪は、グリセリン（グリセロール）と脂肪酸のエステルである。グリセリンはOH基が3個あるので三価アルコールという。

糖類が還元されたエリトリトール・キシリトール・ソルビ

トールなどは、糖アルコールと呼ばれる。

　なお、メタノールは炭素原子どうしの結合がないが、第一級アルコールに含まれる。

　炭素数が少ないアルコールを低級アルコール、炭素数が多いアルコールを高級アルコールと呼ぶ。低級アルコールは無色の液体であり、高級アルコールは蝋状の固体である。

　結合しているヒドロキシ基の数がn個であるアルコールを、n価アルコールという。二価アルコールは特にグリコールとも呼ばれ、エチレングリコール・プロピレングリコールなどの例がある。グリコールは一般に粘性や沸点が高い。三価アルコールでは、代表的なものにグリセリンがある。

　普通、対応するアルキル基の名称にアルコールの語を続けて命名する。

　メチルアルコール（メタノール）・エチルアルコール（エタノール）の如くである。ヒドロキシ基がプロパンの末端の炭素に置換した一級アルコールは、n-プロピル基にヒドロキシ基が結合した構造から、n-プロピルアルコール（プロパノール）と呼ばれる。

　アルコールには第一級アルコール・第二級アルコール・第三級アルコールという区別がある。ヒドロキシ基を酸化すると第一級アルコールはアルデヒドとなり、第二級アルコールはケトンになる。第三級アルコールは酸化されにくい。

　プロパンの中心の炭素に置換した第二級アルコールは、イソプロピル基 $(CH_3)_2CH-$ とヒドロキシ基が結びついた構造からイソプロパノール（イソプロピルアルコール）と呼ばれる。イソプ

ロパノールは第二級アルコールである。

2つのヒドロキシ基を持つ二価アルコールの場合は、2価の置換基名はグリコールである。

第三級アルコールの最も簡単な化合物は、ターシャリブタノール $(CH_3)_3COH$ である。

コラム ▶ 用途が広いアルコール

日本には江戸時代にオランダ語のアルコホルが取り入れられた。

科学や産業の領域で、アルコール類は試薬・化合物の合成原料・洗浄剤・工業用溶剤・有機溶媒・燃料・消毒液などとして広く使用されている。

飲用アルコールは、酵母を使って果実や穀物を発酵させて製造する。

工業用アルコールは、天然ガス・石油・石炭の副産物から生産されているが飲むことは禁じられている。

直鎖で炭素が偶数個の高級アルコールは、油脂を加水分解して得られる脂肪酸を還元することで製造される。最も単純なアルコールであるメタノール CH_3OH は、触媒の存在下で一酸化炭素 CO を水素 H_2 で還元すると得られる。

$CO + H_2 \rightarrow CH_3OH$

IX-3 アルデヒド

　直鎖アルコールの端末にあるOH基を酸化するとアルデヒドができる。メタノールからはホルムアルデヒドHCHOができる。

　ホルムアルデヒドの水溶液のことをホルマリンという。無色透明で、刺激臭があり、強力な架橋反応を起こすため生物にとって有害である。

　フェノール樹脂（ベークライト・石炭酸樹脂）は、フェノールとホルムアルデヒドを原料にした熱硬化性樹脂の一種で、世界で初めて植物以外の原料より、人工的に合成されたプラスチックである。

　硬化させたフェノール樹脂は電気的・機械的特性が良好で、合成樹脂の中でも特に耐熱性・難燃性に優れる。耐油・耐薬品性も高いが、アルカリに弱い。また、これらの性能の割に比較的安価である。

　3個の炭素原子を有するプロパンの2個目の炭素原子に-OH基が付いたイソプロパノール $(CH_3)2C\text{-}OH$ を酸化するとアルデヒドにならずケトンの仲間であるアセトン $(CH_3)_2CO$ になる。

$$4(CH_3)_2COH + O_2 \rightarrow 4(CH_3)_2CO + 2H_2O$$

コラム ❯ ベンツアルデヒド

　ベンツアルデヒドC₆H₅CHOは、芳香族アルデヒドに分類される有機化合物であり、ベンゼンの水素原子1つが、ホルミル基で置換された構造を持つ。融点−56.5℃・沸点179℃の無色の液体で、アーモンドの一種から取った薬用油である苦扁桃油様の香気を持ち、揮発しやすい。

　芳香族アルデヒドは特異な臭いを有するものが多いが、ベンツアルデヒドはアーモンドやアンズの種の香り成分である。安価な香料として用いられるほか、抗炎症作用が認められている。酸化されやすく、酸化されると安息香酸になり、表面に膜状様物質として浮かぶ。

　アルデヒドの構造式はカルボン酸のOHをHで置換した構造をしている。

芳香族化合物 ◯はベンゼン環

ベンズアルデヒド C₆H₅CHO

図9−2　ベンツアルデヒド

Ⅸ-4 カルボン酸

　カルボン酸とは、1つ以上のカルボキシ基−COOHを有する有機酸である。カルボン酸の示性式はR−COOHである。Rは一価のアルキル基である。

　最も単純なカルボン酸には蟻が生合成するギ酸や食酢の酸味成分である酢酸がある。カルボキシ基が2つある酸はジカルボン酸・3つある酸はトリカルボン酸と呼ぶ。

図9−3　カルボン酸

❶ 脂肪族カルボン酸

　脂肪酸は、炭素が4個から22個、鎖状につながっているカルボン酸の一種である。脂肪酸は飽和結合を持つ飽和脂肪酸と不飽和結合を持つ不飽和脂肪酸に分けられる。

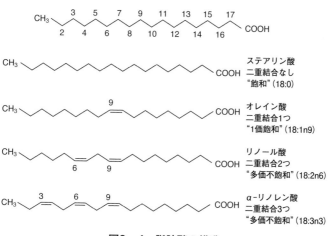

図9−4　脂肪酸の構造

　不飽和を1個持つものを1価の不飽和脂肪酸、2個以上を持つもの多価不飽和脂肪酸と呼ぶ。主な脂肪酸を次に示す。炭素の

数は偶数である。

　食用油脂の主要な脂肪酸は炭素数が16個のパルミチン酸と18個のステアリン酸・オレイン酸・リノール酸・リノレン酸である。

コラム ▶ 脂肪酸

　不飽和脂肪酸は、n-9・n-6・n-3又は$\omega 9 \cdot \omega 6 \cdot \omega 3$系を分けることがある。

　これは、脂肪酸分子で、最初の二重結合がメチル基CH_3から数えて、何番目の炭素にあるかを示している。3番目から始まる系列をn−3系・6番目から始まる系列をn−6系という。

　飽和脂肪酸は固体で、不飽和脂肪酸は液体である。

　グリセロールに結合している脂肪酸が3個とも飽和脂肪酸であると、固体で硬い脂肪になり、不飽和脂肪酸であると液状の油になる。

IX-5 エステル

　無機の中和反応によく似た有機酸類とアルコール類とが反応するとエステルが生成する。エステルは、有機酸または無機酸のオキソ酸とアルコールまたはフェノールのようなヒドロキシ基を含む化合物との縮合反応で得られる化合物である。

●カルボン酸とアルコールが縮合してエステルが生じる。
●水に溶けにくく、芳香のあるものが多い。

$$R-\overset{O}{\overset{\|}{C}}-OH + HO-R' \underset{加水分解}{\overset{エステル (縮合)}{\longrightarrow}} R-\overset{O}{\overset{\|}{C}}-O-R' + H_2O$$

カルボン酸　アルコール　　　　　エステル

図9-5　エステル

単にエステルと呼ぶときはカルボン酸とアルコールから成るカルボン酸エステルを指すことが多く、カルボン酸エステルの特性基 R-COO-R' をエステル結合と呼ぶことが多い。

エステル結合による重合体はポリエステルと呼ぶ。また、低分子量のカルボン酸エステルは果実臭をもち、バナナやマンゴーなどに含まれている。

❶ 油脂

我々が毎日のように口にする油脂は、脂肪酸 (カルボン酸) のグリセリン (3価アルコール・グリセロール) のエステルである。

無機物のアルカリに相当するヒドロキシル基 -OH を有するアルコール類とカルボン酸 R-COOH と表記する有機酸を混合した際に生成する化合物をエステルという。エステルは無機物の塩に相当する。

示性式 $CH_3CH_2CH_2COOH$ で示す酪酸は、不潔な悪臭を有する直鎖カルボン酸であるが、これがエタノール CH_3CH_2OH (エチルアルコール) とエステル化反応をすると、水が一分子外れただけで、バナナやパイナップルの様な爽やかな果実臭になる。

悪臭が芳香に変わる劇的な変化は、まさに自然の驚異というべきである。

$$CH_3CH_2CH_2COOH + CH_3CH_2OH$$
$$\rightarrow \quad H_3CH_2CH_2COOCH_2CH_3 + H_2O$$

❷ エステルの加水分解

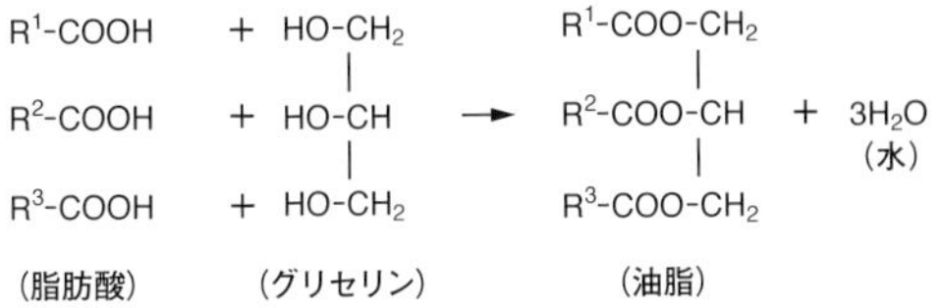

R^1-COOH   + HO-CH$_2$ R^1-COO-CH$_2$
                      | |
R^2-COOH   + HO-CH   → R^2-COO-CH   + 3H$_2$O
                      | | (水)
R^3-COOH   + HO-CH$_2$ R^3-COO-CH$_2$

（脂肪酸）　　　（グリセリン）　　　　　　（油脂）

脂肪酸とグリセリンとから水が3分子はずれて
脂肪酸グリセリンエステル（油脂）が生成する

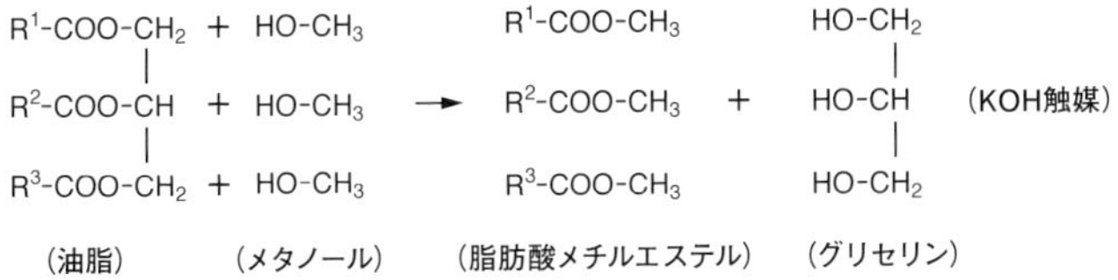

R^1-COO-CH$_2$ + HO-CH$_3$ R^1-COO-CH$_3$ HO-CH$_2$
            | |
R^2-COO-CH + HO-CH$_3$ → R^2-COO-CH$_3$ + HO-CH （KOH触媒）
            | |
R^3-COO-CH$_2$ + HO-CH$_3$ R^3-COO-CH$_3$ HO-CH$_2$

（油脂）　　　（メタノール）　　（脂肪酸メチルエステル）　（グリセリン）

油脂にメタノールを加え触媒にナトリウムメトオキシドCH$_2$ONaや
苛性カリKOHを添加して, 加熱してエステル交換をおこなう。

図9-6　エステル交換反応

❸ けん化（鹸化）

　エステルは、水酸化ナトリウムのような強塩基の水溶液を加
えて加熱すると、カルボン酸の塩とアルコールに加水分解する。
このような、強塩基によるエステルの分解反応をけん化という。

$$R\text{-}COO\text{-}R' + NaOH \rightarrow R\text{-}COONa + R'\text{-}OH$$

　石鹸とは、一般に汚れ落としの洗浄剤を示す言葉。また、高級脂肪酸の塩の総称であり、ナトリウム・カリウムなどのアルカリ金属塩のアルカリ石鹸と、アルカリ金属以外の金属塩の金属石鹸に分類され、狭義には前者を指す。

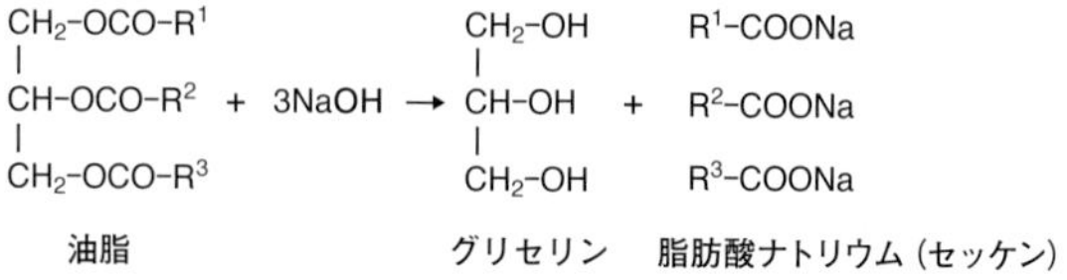

$$CH_2\text{-}OCO\text{-}R^1$$
$$|$$
$$CH\text{-}OCO\text{-}R^2 + 3NaOH \rightarrow CH\text{-}OH + R^2\text{-}COONa$$
$$|$$
$$CH_2\text{-}OCO\text{-}R^3 \qquad CH_2\text{-}OH \qquad R^3\text{-}COONa$$

CH_2-OH　　　R^1-COONa

油脂　　　　　　　　グリセリン　脂肪酸ナトリウム (セッケン)

図9－7　鹸化

　アルカリ石鹸は水溶性で表面活性が著しく、起泡力をもち洗浄力がすぐれ、硬石鹸と軟石鹸に分類される。
　身体用石鹸は人の身体に使うので、薬機法などの規制を受け、別扱いになる。身体以外用石鹸は、台所用石鹸・洗濯用石鹸等々に分類される。
　石鹸は基本的に動植物の油脂から製造されるが、特に純石鹸と呼ぶ場合は、脂肪酸ナトリウムや脂肪酸カリウムだけで、添加物を含まない石鹸を指す。
　一般には水を溶媒として溶かして使用するが、水なしで使えるよう工夫されたドライシャンプーもあり、介護や災害時、宇宙ステーションでも使用されている。
　石鹸は、その1つ1つの両端に親油基と親水基を持ち、油汚れがあると、ここに多数の石鹸の分子の親油基の側が次々と刺さり、内側に親油基を向け、外側に親水基を向けた状態で、包み込むように球状になり、水に分散する状態になる。

　すべての石鹸が細菌やウイルスに対する殺菌作用があるわけではなく、殺菌作用がある石鹸として薬用石鹸や逆性石鹸がある。

　石鹸は、牛脂・羊脂・豚脂・硬化油・ヤシ油・綿実油などを適当に配合した油脂を水酸化ナトリウム溶液で鹸化（加水分解）することでつくる。

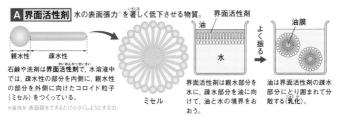

A 界面活性剤 水の表面張力※を著しく低下させる物質。

親水性　疎水性

石鹸や洗剤は**界面活性剤**で、水溶液中では、疎水性の部分を内側に、親水性の部分を外側に向けたコロイド粒子（**ミセル**）をつくっている。

※液体が、表面積をできるだけ小さくしようとする力。

ミセル

界面活性剤は親水部分を水に、疎水部分を油に向けて、油と水の境界をおおう。

界面活性剤

油　水

よく振る

油膜

油は界面活性剤の疎水部分にとり囲まれて分散する（**乳化**）。

図9－8　界面活性剤（石鹸）

コラム ▶ カルボン酸

　最も単純なジカルボン酸はカルボキシ基同士が結合したシュウ酸である。この他にも天然に合成される有名なものにクエン酸や酒石酸がある。

　カルボン酸塩とカルボン酸エステルは英語では両方ともカルボキシラートとなるため注意が必要である。

　フタル酸エステルは塩化ビニル樹脂を軟らかくする油状物質である可塑剤として大量に使用されている。可塑剤には環境ホルモン作用を示すものがあり問題になっている。

IX-6 芳香族カルボン酸

　カルボキシ基-COOHがオルトの位置に化学結合した芳香族
有機酸がフタル酸である。

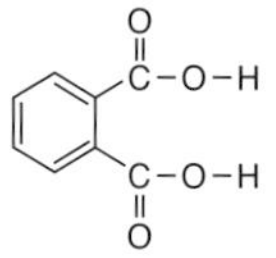

図9−9　フタル酸

❶ テレフタル酸

　テレフタル酸は示性式 $C_6H_4(COOH)_2$、パラの位置にカルボ
キシル基がついたフタル酸の異性体である。

　パラキシレンを酸化して製造するので、化学的にはパラフタ
ル酸とよぶべきであるが、どういうわけかテレフタル酸という。

　テレには「遠距離の」という意味があり、カルボキシル基が
最も遠い位置にあるため命名されたものと推察できる。

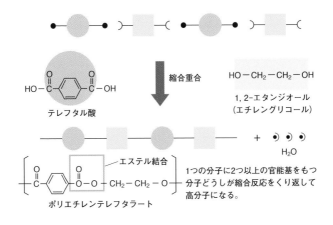

縮合重合

HO−CH₂−CH₂−OH

テレフタル酸

1,2-エタンジオール
（エチレングリコール）

H₂O

エステル結合

ポリエチレンテレフタラート

1つの分子に2つ以上の官能基をもつ
分子どうしが縮合反応をくり返して
高分子になる。

図9−10　ポリエチレンテレフタレート（PET）

Ⅸ-7 ニトロ化合物

　ニトロ化合物とは R−NO₂ 構造を有する有機化合物である。特性基となっている1価の置換基 -NO₂ はニトロ基と呼ばれ、単にニトロ化合物という場合はRが炭素置換基であるものをさす。硝酸エステルはニトロ基とは呼ばない。

　生体内でも、一酸化窒素から生じる活性窒素種がたんぱく質・脂質・核酸をニトロ化することが知られている。その結果、ニトロ化された生体物質により、機能が傷害される。

　多数のニトロ基あるいは硝酸エステルを持つニトロ化合物

は爆発性を持つ場合がある。ニトロ基を持つものとしてはトリ
ニトロトルエンTNT・ピクリン酸・硝酸エステルは、ニトロ
グリセリンなどが挙げられる。

図9−11　ニトロ基の共鳴限界式

　ニトロ基上の窒素原子は正電荷を帯び、酸素原子は負電荷を
帯びている。この負電荷は図に示した共鳴限界式で表されるよ
うに2つの酸素原子上に均等に分布している。ニトロ基を芳香
環に導入するためには、硫酸と硝酸の混合物である混酸を作用
させる。

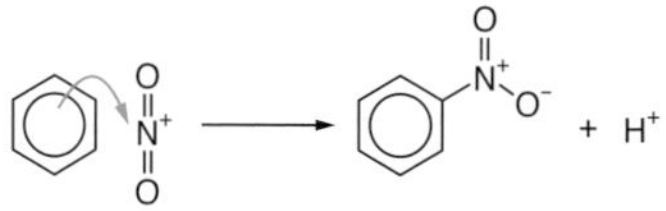

図9−12　共鳴限界式

　脂肪族ニトロ化合物は相当する一級アミンを酸化して合成
する。オキシムの酸化によっても得られる。他の多くのニトロ
化合物とは異なり爆発性はなく、消防法上は第4類危険物（第3
石油類）に指定されている。
　芳香族のニトロ化合物としては、ピクリン酸やトリニトロト
ルエン（TNT）が爆薬としてよく知られている。

図9-13　ピクリン酸とトリニトロトルエン

　濃硝酸と濃硫酸を混合した混酸をベンゼンC_6H_6に加えるとベンゼン環にニトロ基が置換した構造を持つニトロベンゼンが生成する。ニトロ基$-NO_2$を化合物に導入することをニトロ化と呼ぶ。

IX-8　アミン

　ニトロベンゼンにスズSnまたは鉄Feと塩酸を加えて、還元するとアニリン塩酸塩を生じ、これに水酸化ナトリウムを加えることでアニリンが遊離する。

　アニリンはベンゼンの水素原子の1つをアミノ基で置換した構造をしている。

用途

　メチレンジフェニルイソシアネートMDIなどをはじめ、ゴム・殺虫剤・農薬の製造に用いられる。靴や床の研磨剤・革製品の仕上げ剤・塗料の溶剤・不快臭を隠すための製品にも利用

される。鎮痛薬のひとつ、アセトアミノフェンの製造原料としての市場価値も高い。

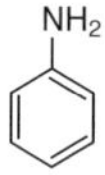

図9-14　アニリン

Ⅸ-9　ペプチド結合

　アミノ酸のカルボキシル基とアミノ基が脱水縮合した化学結合をペプチド結合と呼ぶ。アミド結合のうちα-アミノ酸同士が脱水縮合して形成される結合である。ペプチド結合で生成する物質をペプチドと呼ぶ。多数のアミノ酸が縮合した高分子物質はタンパク質であり、そのため、タンパク質をポリペプチドとも呼ぶ。

　アミド結合は強固な結合であり、加水分解は強酸性や強アルカリ性の条件でしか起こらない。しかし生体内にはペプチド結合のみを選択的に加水分解する酵素ペプチダーゼ・プロテアーゼが存在し、これらの中には中性に近い生物の体温程度の温度でかなり迅速にペプチドを加水分解することができるものもある。

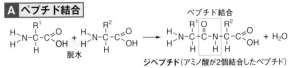

アミノ酸のカルボキシ基とほかのアミノ酸のアミノ酸基との間で1分子の水が取れてできるアミド結合を特に**ペプチド結合**をもつ化合物を**ペプチド**という。

多数のアミノ酸がペプチド結合で結合した化合物を**ポリペプチド**という。タンパク質はポリペプチド鎖からなる天然高分子である。

図9−15　ペプチド結合

　ペプチド結合は、2個以上のアミノ酸の間で一方のアミノ基から水素が、もう一方のカルボキシル基からヒドロキシ基が、水分子として脱水され、（−CO−NH−）の形で縮合している。ペプチドに組み込まれたアミノ酸を残基という。残基が10個以下のものをオリゴペプチドと言う。

　哺乳類や鳥類は2〜20種類のアミノ酸を使ったたんぱく質等からできている。

　大豆・イワシ・牛乳などのタンパク質を分解して多くのものが造られる。

　タンパク質は、人間の体内で消化酵素によって分解される。ペプチドとは、2〜50程度のアミノ酸がペプチド結合したものを指す。

❶ α−アミノ酸

　化学の分野でいうアミノ酸とは、アミノ基とカルボキシ基の両方の基を持つ有機化合物の総称である。生化学の分野では、生体のたんぱく質の構成ユニットになる端の1つの炭素原子にアミノ基とカルボキシ基の両方の基が結合した「α-アミノ酸」を指す。

　分子生物学など、生体分子をあつかう生命科学分野では、遺伝暗号表に含まれるイミノ酸に分類されるプロリンを便宜上アミノ酸に含めることが多い。

　天然には約500種類ほどのアミノ酸が見つかっているが、宇宙由来のものとしても1969年に見つかったマーチソン隕石からグリシン・アラニン・グルタミン酸・β-アラニンが確認されている。全アミノ酸のうち22種がタンパク質の構成要素であり、真核生物では21種、ヒトでは20種から構成される。

　動物が体内で合成できないアミノ酸を、必須アミノ酸と呼び、動物種によって異なるが、ヒトでは9種類のアミノ酸は体内で合成できず、食事から摂取しなければならない。

　必須でないアミノ酸も、摂取バランスによっては代謝異常や欠乏を起こすことがある。必須アミノ酸とタンパク質が密接に関わっているため、必須アミノ酸を三大栄養素のタンパク質の代わりとすることもある。

■α-アミノ酸の構造

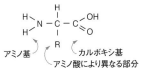

アミノ基←　　　→カルボキシ基
アミノ酸により異なる部分

アミノ基とカルボキシ基が同一の炭素原子に結合しているアミノ酸を，α-アミノ酸という。

■鏡像異性体（光学異性体）

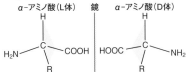

α-アミノ酸（L体）　　鏡　　α-アミノ酸（D体）

グリシルを除くα-アミノ酸では，中心の炭素原子が不斉炭素原子になるため，鏡像異性体（光学異性体）が存在する。天然にはL体だけが存在する。

■タンパク質をつくるα-アミノ酸

タンパク質は、次の20種類のアミノ酸が縮合重合してできている。（　）内は略号、黒数字は分子量、青数字は等電点を表している。　がR（側鎖）に相当。■酸性アミノ酸　■塩基性アミノ酸　■中性アミノ酸

グリシン (Gly)	アラニン (Ala)	セリン (Ser)	プロリン (Pro)	バリン (Val)	トレオニン (Thr)	システイン (Cys)
75 ... 6.5	89 ... 6.0	105 ... 5.7	115 ... 6.3	117 ... 6.0	119 ... 6.1	121 ... 5.1

ロイシン (Leu)	イソロイシン (Ile)	アスパラギン (Asn)	アスパラギン酸 (Asp)	リシン (Lys)	グルタミン (Gln)	グルタミン酸 (Glu)
131 ... 6.0	131 ... 6.0	132 ... 5.4	133 ... 2.8	146 ... 9.7	146 ... 5.7	147 ... 3.2

メチオン (Met)	ヒスチジン (His)	フェニルアラニン (Phe)	アルギニン (Arg)	チロシン (Tyr)	トリプトファン (Trp)	▶必須アミノ酸
149 ... 5.7	155 ... 7.6	165 ... 5.5	174 ... 10.8	181	204 ... 5.9	動物の体内で、他のアミノ酸から合成できない、あるいは必要量を合成しにくいアミノ酸を必須アミノ酸という。成人の場合、*印の9種類が必須アミノ酸である。

図9-16　アミノ酸

❷ アミノ酸とタンパク質

　水が1分子ずつ外れて高分子になる反応を縮合と言い、アミノ酸どうしが結合して高分子になったものをたんぱく質という。微生物・植物・動物など地球上の生物の体では21種類のアミノ酸が鎖状に多数連結してできた高分子化合物であり、生物の重要な構成成分のひとつである。

　構成するアミノ酸の数・種類・結合の順序によって種類が異

なり、分子量約4000前後のものから、数千万から億単位になるウイルスタンパク質まで多種類存在する。タンパク質は、炭水化物、脂質とともに三大栄養素であり、筋肉・骨・皮膚などをつくる役割も果たしている。

Ⅸ-10 炭水化物

　非常に多様な種類があり、天然に存在する有機化合物の中で量が最も多い。

　炭水化物は植物が空気中の二酸化炭素CO_2と根から吸い上げた水からブドウ糖$C_6H_{12}O_6$と酸素O_2を光合成することに始める。

　$6CO_2 + 6H_2O \rightarrow C_6H_{12}O_6 + 6O_2$・・・光合成

　有機栄養素のうち炭水化物・たんぱく質・脂肪は、多くの生物種において栄養素であり「三大栄養素」と呼ぶ。栄養学上は、炭水化物は糖質と食物繊維の総称として扱われており、消化酵素では分解できずエネルギー源にはなりにくい食物繊維を除いたものを糖質と呼んでいる。

　炭水化物の多くは分子式が$C_mH_{2n}O_n$で表され、分子式を$C_m(H_2O)_n$と表すと炭素に水が結合した物質のように見えるため炭水化物と呼ぶ。

　現在では、定義が拡大し、炭水化物は糖とその誘導体や縮合

体の総称になる。デオキシリボース$C_5H_{10}O_4$・ポリアルコール・ケトンのように$C_mH_{2n}O_n$で表されない炭水化物もあり、分子式が$C_mH_{2n}O_n$ではあっても、ホルムアルデヒドHCHOは炭水化物とは呼ばない。生物に必要不可欠な物質であり、骨格形成・貯蔵・代謝等に広く利用している。

炭水化物1gは4kcalのエネルギーがある。炭水化物は、単糖類・多糖類に分けられる。通常、炭水化物を代表するものとしては、デンプンその他を含む多糖類がある。炭水化物はもっとも多く必要とされる栄養素である。全粒穀物は血糖負荷が低く血糖値を急激に上げにくいという特徴がある。氷砂糖は炭水化物以外の栄養素を含んでいない。

❶ 炭水化物の分類

糖質：食物繊維ではない炭水化物

糖類：ブドウ糖のような単糖類か砂糖（しょ糖）のような二糖類であって、糖アルコールでないもの。単糖が2個～10個程度が縮合したものをオリゴ糖という。

そのほか：ブドウ糖が脱水縮合した多糖類であるデンプンなどがある。

食物繊維：草食性哺乳類は消化器内部に食物繊維を分解できる微生物を常在させ、食物繊維を消化し、栄養にしている。

炭水化物に分類されるもの

多糖類：単糖がオリゴ糖以上に結合したもの。炭水化物がタンパク質や脂質と共有結合で化合したものは複合糖質と呼ばれる。

❷ 糖の誘導体

　単糖類は構成炭素数であるトリオース C3・テトロース C4・ペントース C5・ヘキソース C6に分類される。

　トリ・テトラなどは、ギリシャの数詞。

　関連ある言葉としてトライアングル・テトラポット・ペンタゴン・オクトパス (蛸) 等がある。

❸ 糖と炭水化物

　植物は光合成したブドウ糖を縮合してセルロース (綿花・麻等の植物繊維) を造る。また、種子を造り子孫を遺す種類の植物は種子の栄養として、ブドウ糖を縮合して、分解しやすい澱粉 (デンプン) をつくる。

コラム ＞ デンプン (澱粉)

　デンプンのことを「デンプン粉」や「デンプンの粉」と平気で呼んでいるテレビが放映されているのを最近見た。デンプンという名称にはそもそも粉という文字が含まれており、デンプン粉という言い方では、「粉」が重複してしまう。漢字で書けば「澱粉粉」になってしまう。プロデューサーもディレクターも、その誤りに気付いていないのだろうか。

コラム ▶ 炭水化物の生理作用

　人体が炭水化物を摂取すると、デンプンは唾液で加水分解され、胃液や膵液で二糖類のマルトースまで分解され、最終的に小腸の上皮細胞に存在するマルターゼ・スクラーゼ・イソマルターゼ・ラクターゼ・トレハラーゼなどの二糖類水解酵素により単糖類のグルコース・フルクトース・ガラクトースなどにまで分解されて腸管から吸収する。これは脂質が脂肪酸やモノグリセリド・たんぱく質がアミノ酸・核酸が塩基や糖にまで分解されるのと同じであり、これら吸収される状態の物質は最終分解産物と呼ぶ。

　水に不溶性の脂質系最終分解産物と異なり、そのまま門脈血の中に溶け込む。

　エネルギー源として重要であるグルコースは、低下すると膵臓の α 細胞からグルカゴン・副腎皮質のクロマフィン細胞からカテコールアミンが分泌され、細胞中のグリコーゲンが分解して血糖値が上がると膵臓の β 細胞からインスリンが分泌され肝臓などの細胞が取り込む動きを活発にし、過剰になるとグリコーゲンや脂肪へ変換する。

　グルコースは植物ではデンプンとして体内に蓄えられる。植物の体はセルロースという多糖によって構成されている。セルロースはデンプンと同じグルコースの多量体であるが、結合様式が異なるため、化学的に極めて強靭な構造を持つ。セルロースは細胞壁の主成分として活用されている。また、細胞の表層には、糖鎖と呼ばれる糖の多量体が結合している。これはタンパク質に対する受容体ほど強くは無いものの、生体内である種の「標識」としてはたらいている。

Ⅸ-11 DNAとRNA

　デオキシリボ核酸DNAは核酸塩基と糖・リン酸が結合した化合物である。

　リボ核酸RNAは糖の部分がリボースである。RNAはDNAよりも反応性が高く、熱力学的に不安定である。

❶ 核酸塩基

　核酸塩基とはDNA・RNAを構成する塩基成分で、アデニン・グアニン・シトシン・チミン・ウラシルがあり、それぞれA・G・C・T・Uと略す。

　DNA・RNAの構造骨格となるプリン塩基A・Gとピリミジン塩基C・T・Uに分けられる。

❷ 塩基対における水素結合

　DNAの場合、AとTが水素結合を形成し、G・Cが水素結合を形成する。AT対が2つの水素結合を形成するのに対し、GC対は3つの水素結合を形成する。

　そのため、GC含有量が大きい領域では安定性が高まる。一方、RNAは、A・U・G・Cで塩基対を形成する。ウラシルU

もチミンC同様ピリミジン骨格であり、アデニンと塩基対を形成する。

　遺伝子はDNAを担体とし、二重らせん構造からなる。それがさらに巻いた構造をとり染色体を形成している。遺伝子は、DNAその塩基配列に記憶される遺伝情報である。

　ただし、新型コロナウイルスのようなウイルスではRNA配列に記憶されている。

　近年、化学修飾や編集によるDNAのもつ情報の変更が発見されて、DNA上の領域という定義は、古典的な意味での遺伝子の範疇には収まらなくなりつつあり、ここでは化学の分野から外れるので割愛する。

第 **X** 章

プラスチック弾性elasticityと塑性plasticity

輪ゴムに力を加えると伸び、加えている力をなくすと、元に戻る。このような性質を弾性elasticityという。粘土細工用に水でこねた粘土は、力を加えると変形し、力を除いても元の形には戻らない。このような性質を塑性plasticityという。英語のプラスチックという言葉は、塑性を示すものという意味で合成樹脂という意味ではない。

フェノール樹脂は、大量生産されたプラスチック第1号で最も歴史の古いプラスチックであるが、まだ1世紀程度でしか実績はない。合成樹脂の中では最古参であり、現在でも熱硬化性樹脂中で、その生産量は上位を占めている。

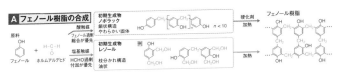

図10−1　フェノール樹脂の合成

合成樹脂は性質の異なる2種類の樹脂に大別できる。その1つは、熱硬化性樹脂と言われているものでベークライトなどがこれに該当する。1907年にベルギー系アメリカ人化学者レオ・ベークランドは石炭酸C_6H_5OHとホルムアルデヒドHCHO（ホルマリン）の縮合物に木粉のような充填剤を加えて、高温・高圧で成形硬化させる合成樹脂の製造に成功し、その特許を取得し、翌年ベークライトという商品名で工業的に製造・販売を始めた。

完全な人造樹脂「ベークライト」は、天然の樹脂に似ている

が、自然界に存在しないので合成樹脂と呼ばれた。フェノール樹脂 (石炭酸樹脂・ベークライト) は、反応途中の樹脂を成形加工し、加熱硬化させてしまうと、再度、加熱しても軟化しない。フェノール樹脂は機械的強度が強く、化学的に安定で腐敗せず、寸法安定性にも優れ、電気絶縁性が良好なため、電気関係の部品としてしだいに普及した。現在でもフェノール樹脂は、電子機器・電気製品・プリント基板やその他の分野で広く使われている。

フェノール樹脂は硬化反応により、三次元状架橋結合になるため、加熱して分子運動を盛んにしても、分子同士は滑ることができない。このようなプラスチックを熱硬化性樹脂という。

熱可塑性樹脂

ガラス転移温度または融点に達すると軟化する樹脂を熱可塑性樹脂という。射出成形や真空成形等が一般的に用いられ、靭性に優れ、成形温度は高いが短時間で成形できるので生産性に優れ、加熱すれば再度成形できるのでリサイクルも比較的容易である。ただし加熱の度に物性は低下していく。日用品や電気製品の筐体、雨樋・窓のサッシなどの建築資材、フィルムやクッションなどの包装・梱包資材等、比較的大量に使われる。

高-中-低密度ポリエチレンPE・ポリプロピレンPP・ポリ塩化ビニルPVC・ポリスチレンPS・ポリエステルPETなどプラスチック生産量の大半を占めている。

不飽和ポリエステル樹脂

　釣竿・小型船舶・浴槽・テニスラケットなどに多用されているFRP（Fiber Reinforced Plastic；繊維強化プラスチック）には不飽和ポリエステル樹脂が使われており、この樹脂は加熱しなくても三次元架橋構造となり硬化するが、構造上から熱硬化性樹脂に分類されている。

　不飽和ポリエステル樹脂とはフマル酸やマレイン酸などの、二重結合を持つ不飽和酸とエチレングリコールを重合させた分子をスチレンで架橋した高分子である。

　2018年におけるプラスチックの生産量は1,067万トン、そのうちの89％は熱可塑性樹脂、熱硬化性樹脂は9.1％と全体の約1割弱に過ぎない。プラスチック（合成樹脂・合成高分子）は化学的構造により、その性状が決まる。

　プラスチックは、従来の素材にない優れた次のような特有の性状を有している。

　①腐らない

　②軽くて強い

　③透明からあらゆる色調まで着色可能

　④成形加工が容易で大型の成形品からフィルムや繊維まで大量生産が可能

　⑤電気絶縁性が良好

⑥熱の伝導性が悪い

⑦耐水性や耐酸性や耐アルカリ性等腐食に強い

⑧通気性や透水性がない

そのため、木・紙・ガラス・金属・陶磁器等、従来から使われてきた素材の分野を切り崩し、駆逐しながら、繊維・包装材料・家電製品・自動車・家具・建築材料等の新素材として広範な用途開発が行われ、石油化学の発展に伴い爆発的に普及し、次第にプラスチックなしでは生活できないような、使い捨て社会が構築されていった。

プラスチック製品は、大量生産により安価に製造できるという利点を生かして、様々な製品の包装材料や使い捨ての液体容器をはじめとする製品となって市場にあふれ、その大半は極めて製品寿命の短い、容器包装に類するような使い捨ての用途に使用されており、これが今日のごみ問題を深刻化させる一因や海洋汚染の根源となっている。

液体容器や包装材料などの用途として大量に使用されているプラスチック類は、やがて廃プラスチックとなり、廃棄物処理法や循環型社会形成推進基本法での3R (Reduceリデュース減らす・Reuseリユース・繰り返し使う・Recycleリサイクル・再資源化する) などにより、ごみ減量化に取り組んではいるが、最近、新しい動きが出てきている。

コラム 〉 **拡大生産者責任**

　拡大生産者責任とは、経済協力開発機構OECDが提唱した概念であり、「製品に対する生産者の物理的・経済的責任が製品ライフサイクルの使用後の段階にまで拡大される環境政策上の手法」と定義されている。この政策には次の2つの特徴がある。

＊地方自治体から生産者に責任を移転する。

＊生産者が製品設計において環境に対する配慮を取込む。

　これまで行政が負担していた使用済製品の回収・廃棄やリサイクル等に係る費用を、その製品の生産者に負担させるようにするものである。そうすることで、処理にかかる社会的費用を低減させるとともに、生産者が使用済製品の処理にかかる費用をできるだけ下げようとすることが動機となって、結果的に環境的側面を配慮した製品の設計の段階でリサイクルしやすい製品や廃棄処理の容易な製品等に移行することを狙っている。

政府方針リサイクル率向上狙いプラスチックごみ一括回収を市町村に要請

　政府は生鮮食品のトレーなどプラスチック製の容器包装プラに加え、文具・玩具などのプラ製品も「プラスチック資源」という新区分で家庭から一括回収する方針を固めた。プラスチックごみのリサイクル率の向上が狙いで、2022年度以降の開始をめざす。

　家庭から出るプラごみのうち、洗剤のボトルなどのプラ製容器包装はすでに8割弱の自治体が回収し、リサイクルにまわっている。しかし、それ以外のプラ製の文具や玩具などは可燃ごみや不燃ごみなど自治体によって回収区分が異なり、焼却・埋立処分されている。プラ製容器とそれ以外のプラスチックごみを一括回収することで、回収率を上げて、リサイクル率を高める。

　現在、プラ製容器包装は、回収して混入したごみを選別し、圧縮するところまでの費用を自治体が負担している。容器包装以外のプラ製品も一括回収すると自治体の負担が増す可能性もあるが、リサイクル

施設の選別能力を高めて自治体の選別費用を軽減することなどを検討する。

プラスチックは処理だけの問題では済まされず、プラスチックに配合する添加剤のなかに、環境ホルモン作用を示すものが見つかり、新たなプラスチック問題が発生している。

難分解性・高蓄積性・長距離移動性・有害性"人の健康・生態系"を持つ物質POPs (Persistent Organic Pollutants) としてPOPs条約が2004年5月に発効しているが、太陽光・波浪などで微細化したマイクロプラスチックが、魚・海鳥など海洋生物の腸内からも見つかり、これにPOPsが付着していることが知られている。

プラスチックは熱や光に対する安定性が劣り、成形加工をする段階で高温に加熱したり、使用の段階で熱や光に曝されたりすると容易に熱分解や酸化が起こり劣化する場合がある。

普通のプラスチック製品は、劣化防止のために各種の添加剤が配合されている。プラスチックの劣化を防止するには、プラスチック自身を改良するよりも少量の安定剤を添加する方が効果的・経済的であり、酸化防止剤無添加のポリプロピレンは、150℃のオーブン中で、24時間で劣化してしまうのに対し、0.3％の酸化防止剤を添加したポリプロピレンは、2,000時間以上劣化しない。このように、プラスチック添加剤は、樹脂の寿命を延ばすのに必要・不可欠の物質とされており、これらの配合剤が大きな役割を果たしている。

プラスチック類は様々な形状で使われており、一見しただけでは、それがプラスチックであることに気付かないことが多い。社員食堂などで割れにくい食器として使われているメラミン樹脂やポリカーボネート樹脂は外見が陶磁器に見えるが、これもプラスチックである。

プラスチック素地に漆を塗った漆器やプラスチックめっき製品などは外観からだけでは、それがプラスチックであるか否か区別できない。プラスチックは非常に種類が多く、添加剤からラミネート製品まで含

めると数百種類はあるものと予想されるが、容器包装に使われるプラスチックだけでも10種類以上ある。そのため、リサイクルは困難を極める。プラスチックのリサイクルを困難にしているのは種類が多いためである。

通常の瓶ガラスは一定の組成をもった物質であり、何回熔融してもガラスとしての性状を失うことは無く、くずガラスを原料にしても新瓶として売買されている。

生物分解性プラスチックなど次々と新しい樹脂が開発され、これが廃プラスチックの資源化をますます困難にしている。資源化の障害になる廃プラスチックを始め、こんなに多品種のプラスチックが本当に必要なのかを問われることもなく、プラスチックは生産され続けている。

プラスチックの評価は句会の俳句のようなもので、その評価は絶対的なものではなく、人によって異なる。

ここへきて、新たに出てきているものに生物分解性プラスチックがある。しかし、プラスチックがこんなに普及したのは生物分解しないからであり、この重要な視点を忘れてはならない。

コラム ▶ 容器包装　今昔

縄文時代から、陶器は容器として使われており、それに青銅器・鉄器などの金属が、容器やその他の製品に使われてきた。

これまで液体を入れる容器として陶器製の焼酎カメや瓶 (貧乏徳利) や酒を入れる磁器製の銚子や盃があり、大量の酒・醤油・味噌等を入れるのには樽が使われてきた。古来からの醸造法を受け継いでいる老舗では現在でも、木製の大きな樽を醸造に使っている。現在、慶事に使われる日本酒の菰かぶり (四斗樽) は杉と竹が主材料である。

　明治時代に入ると液体容器としてガラス瓶が普及し、現在でも日本酒の一升瓶 (1.8L) と四合瓶 (720ml) の他、ビール・ワイン・ウイスキー等々、種々のアルコール類の容器としてガラス瓶が根強く生き残っている。醤油の瓶は塩ビボトルを経て、現在ではペットボトルになってしまった。

　営業用に食用油や醤油が入った鉄製の一斗缶 (石油缶) が使われているが、その名称が示すように、もとは石油を入れる容器であった。現在でも塗料用の水口石油缶や粉体・固形物を入れる丸口石油缶も使われている。

　一方、包装材料として肉屋では真竹の竹の皮・和菓子屋や味噌等を商う店では松等を薄く削いだ経木が使われており、魚屋や八百屋は古新聞やその袋が使われていた。

　これらの包装材料はすべて植物のセルロースを素材としたもので、生物分解性の自然高分子であった。これらの素材は、乾燥させれば焚きつけとして使え、燃焼後は、わずかばかりの灰になり、この灰はカリウムを含むので肥料として農地に撒布され、また、藍染めなど、染色に使うアルカリとしても取引されていた。

X-2 プラスチックの誕生

　松やモミ等針葉樹の幹に傷をつけると、そこから粘着性のある油状の松ヤニなどの樹液が出てきて固まる。これらの物質は、一般に樹脂と呼ばれ、温めると比較的低温で軟らかくなり、冷

えると硬くなる性質がある。

この樹脂をアルコールやテレビン油などに溶かして、木製品の塗装などに古くから用いてきた。これがワニス（ニス）といわれる塗料である。

❶ 天然素材から生分解性プラスチック

セロファンcellophaneはセルロースを加工して製造する透明な膜状の物質である。普通セロファンと表面にポリ塩化ビニリデンを塗布した防湿セロファンの2種類がある。防湿セロファンは防湿処理によりセロファンの欠点を補ったものであるが、それにより生物分解性は失われている。

1912年にスイスのジャック・ブランデンベルガーがセロファンの製法を発明した。原材料は、木材を粉砕して造るパルプである。セロファンの原料であるビスコースViscoseとは、レーヨンを製造する技法の中間生成物あるいはそれを経る製造技術をいう。

パルプを水酸化ナトリウムNaOHと反応させるとセルロースの6位のヒドロキシル基がナトリウム塩となったアルカリセルロースができる。これを二硫化炭素CS_2と混合して静置すると、セルロースキサント※ゲン酸ナトリウムのコロイド溶液（ビスコース）になる。

$$[C_6H_7O_2(OH)_3]n + nNaOH \rightarrow$$
$$[C_6H_7O_2(OH)_2(ONa)]n + nH_2O$$

$$[C_6H_7O_2(OH)_2(ONa)]n + nCS_2 \rightarrow$$

$$[C_6H_7O_2(OH)_2(OCSSNa)]n$$

※キサントxantho：ギリシャ語で『黄色』の意で、ビスコースとは、粘いという意 + -ose糖を表す語尾からなる造語であり、赤褐色の粘性のあるコロイドである。

　ビスコースを細い穴から希硫酸中に噴出して湿式紡糸すればセルロースキサントゲン酸ナトリウムはセルロースに戻って分子間の水素結合により繊維として再生する。

$$[C_6H_7O_2(OH)_2(OCSSNa)]n + nH_2SO_4 \rightarrow$$

$$[C_6H_7O_2(OH)_3]n + nCS_2 + nNaHSO_4$$

　これがビスコースレーヨンであり、細い隙間から押し出してフィルム状の製品にするとセロファンになる。いずれも化学的には天然セルロースと同じものであり、土中・水中で微生物により分解され環境負荷の少ないものとして評価されている。

　レーヨンとはセルロース繊維の分子間の水素結合を解いてコロイド溶液とし、それを再びセルロース分子に戻すことによってセルロースを再生し、自在の長さ、形状にしたものである。この技術は、繊維としては直接使用することができない低品位の短いセルロース繊維を再生して繊維としての利用を可能にすることができるばかりか、光沢ある長い絹糸状の繊維である人造絹糸・スフstaple fiberを得ることができる。

　セロファンは透明で細菌を通さないため、食品のパッケージなど、包装材料として使用され、光沢が良いこと、飴などをねじって包んだ場合に勝手に解けず、開封しやすいことなどの特長がある。しかし、熱でそりやすい、水に濡れると強度が下がるなどの問題があるため、近年はポリプロピレンフィルムなど

に置き換えられている。セロファンは、水蒸気の透過性は高く、水分はよく通すが、ウイルスを通さないために人工透析用の膜としても利用される。そのほか、ボタン電池や蓄電池のセパレーターとしての利用や海水淡水化プラントで海水から真水を製造するための逆浸透膜に用いられる。特に普通セロファンは分解酵素セルラーゼの作用を受けやすいが、もっとも普及している生物分解性の包装資材と言える。ただし産業上は紙に分類されるため、ポリ乳酸などの生物分解性プラスチックとは区別されている。1930年に販売が開始されたセロハンテープの基材として、耐水性をもたせたものが使用されている。

コラム ▶ オキシクロリネーション・酸化塩素化反応とプラスチック

　ディーコン法は塩化水素HClから塩素Cl_2を得る方法の1つであり、1874年にヘンリー・ディーコンが発明し、炭酸ナトリウムの製造法であるルブラン法と組み合わせて、ルブラン法の廃棄物として生じる塩化水素から漂白用の塩素が造られ、それまでの二酸化マンガンを使う方法から取って代わたが、電解法が発達した現在では、商業的に行われることはない。

　ディーコン法は塩化第二銅$CuCl_2$を触媒とし400〜450℃で塩化水素と酸素とを反応させる。

$$4HCl+O_2 \rightarrow 2Cl_2+2H_2O$$

　オキシクロリネーションとはディーコン法に有機物を共存させて塩素化有機物を製造する反応である。

　塩化水素と空気とベンゼンを原料に触媒に塩化第二銅を使ってクロロベンゼンを合成し、それを水蒸気で改質して石炭酸（フェノール）を得

る一連のプロセスをドイツBASF社のラシッヒが開発した。

$$2C_6H_6+2HCl+O_2 \rightarrow 2C_6H_5Cl+2H_2O \cdots ①$$

さらに生成したクロロベンゼンをシリカ触媒で水蒸気改質してフェノールC_6H_5OHを得る一連のプロセスによって石炭酸を造る。

脱塩酸反応

$$C_6H_5Cl+H_2O \rightarrow C_6H_5OH+HCl \cdots ②$$

これを基にラシッヒは1891年、石炭酸の製造工場を創立し、経営にあたった。

触媒によって反応温度は異なるが、①の反応は230〜350℃・②の反応は450〜500℃である。

このオキシクロリネーション工程から猛毒のダイオキシンが発生することが知られているが、それについては、歴史は何も伝えていない。当時は現代のような微量物質を分析できる技術は無かった。

X-3 エチレンの塩素化・EDCの製造

　オキシクロリネーションは、ラシッヒ法から約80年経過した1960年代、エチレン$CH_2=CH_2$と塩化水素HClの混合ガスを塩化第二銅触媒で空気酸化し塩化ビニルモノマーの原料である二塩化エタンEDC $CH_2Cl\text{-}CH_2Cl$やその他の有機塩素系化合物を製造するオキシクロリネーション法が工業化された。

EDC (CH$_2$Cl-CH$_2$Cl) の製造

CH$_2$＝CH$_2$＋Cl$_2$ → CH$_2$Cl-CH$_2$Cl・・・①

オキシクロリネーションによるEDCの製造反応

2CH$_2$＝CH$_2$＋4HCl＋O$_2$ → 2CH$_2$Cl-CH$_2$Cl＋2H$_2$O

塩化ビニルモノマー CH$_2$＝CHCl・・・熱分解

CH$_2$Cl-CH$_2$Cl→CH$_2$＝CHCl＋HCl・・・②

　オキシクロリネーションでは、塩化第二銅と塩化カリウムを活性アルミナ担体に担持させた触媒が使用されている。活性アルミナ中の塩化第二銅と塩化カリウムの比率は決まっているが、活性アルミナのタブレットを塩化第二銅と塩化カリウムの混合溶液に浸漬すると、塩化第二銅は活性アルミナと反応して塩基性塩化銅CuOHClとなり活性アルミナに沈着してしまう。

3CuCl$_2$＋Al (OH)$_3$ → 3CuOHCl＋AlCl$_3$

　そのため塩化第二銅と塩化カリウムの比率は決めた通りに製造することはできない。

コラム ＞ 触媒担体としての活性アルミナ

　塩化第二銅と塩化カリウムの比率を一定にした溶液に、浸漬しても活性アルミナ中の塩化第二銅と塩化カリウムの比率は異なってしまう。これは活性アルミナの製法に起因する。

　触媒担体に使う活性アルミナは金属アルミニウムに金属水銀を塗布して表面をアマルガム (水銀合金) にする。それを飽和水蒸気の雰囲気中に放置すると、アルミニウムの表面からコウジカビのような綿状の水酸化アルミニウムAl (OH)$_3$が次々と生成する。

　この水酸化アルミニウムを乾燥してタブレットマシンで錠剤に成形、250℃程度の電気炉で焼成すると高純度の活性アルミナAl_2O_3を製造することができる。

　微量の水銀は焼成中に気化し、タブレット中には残らない。現在は水銀問題でアマルガム法による活性アルミナの製造は行われていない。

$2Al + 6H_2O \rightarrow 2\,Al\,(OH)_3 + 3H_2$・・・Hg触媒

$Al\,(OH)_3 \rightarrow Al_2O_3 + 3H_2O$・・・熱分解

X-4 クロロプレンとニューランド触媒

　ベルギー系アメリカ人化学者ニューランドは1918年ノートルダム大学有機化学教授になる。学位論文はアセチレンの反応に関するものであった。その後もこの研究を続け、1928年、水に難溶の塩化第一銅CuClを塩化アンモニウムNH_4Cl溶液に溶解したニューランド触媒「トリクロロ銅錯体水溶液$(NH_4)_2CuCl_3$」を用いてアセチレン誘導体を合成することに成功する。

$2NH_4Cl + CuCl \rightarrow (NH_4)_2CuCl_3$・・・ニューランド触媒

　ニューランドは自分が造った触媒の存在下でアセチレンからモノビニルアセチレン$CH \equiv C\text{-}CH = CH_2$とジビニルアセチレンを生成することを発見している。

$2CH \equiv CH \rightarrow CH \equiv C\text{-}CH = CH_2$

　この発見はのちにデュポン社による合成ゴム：クロロプレン

商品名ネオプレンNeopreneの製造に発展する。アメリカの大手化学会社デュポンの研究者カロザス（ナイロンの発明者）は1928年、彼の協力者であるニューランドが開発した触媒を用いて、アセチレンと塩化水素とから有機塩素化合物である$CH_2=CCl\text{-}CH=CH_2$クロロプレンの合成に成功する。

$$CH\equiv C\text{-}CH=CH_2+HCl \rightarrow CH_2=C\text{-}CCl\text{-}CH=CH_2$$

このクロロプレンを重合させたものが、合成ゴムである。

アメリカで工業化されてから約30年後の1960年代、昭和電工ではこのプロセスでクロロプレンを製造していたが、現在、クロロプレンはナフサを熱分解して生成するブタジエンを原料にして製造されている。

X-5　アクリロニトリルの製造

デュポン社はネオプレンの開発後20年経過した1948年に羊毛の風合いをもったアクリロニトリルの繊維（オーロン・日本名カシミロン）を発表し1950年に市販した。

日本では1950年代末頃、三菱化成が日炭高松炭鉱から発生するメタンCH_4をアンモ酸化ammoxidationアンモオキシデーションして得たシアン化水素HCNとアセチレン$CH\equiv CH$をニューランド触媒中で反応させてアクリロニトリル$CH_2=CHCN$を製造していた。

$$2CH_4 + 2NH_3 + 3O_2 \rightarrow 2HCN + 6H_2O$$
$$CH \equiv CH + HCN \rightarrow CH_2 = CHCN$$

現在、アクリル繊維の原料であるアクリロニトリルはプロピレンを原料にしてアンモオキシデーション法であるソハイオ法で製造されており、炭素繊維・ABS樹脂・AS樹脂の原料にされている。また、アクリルアミド・アジポニトリルの原料としても重要である。他にニトリルゴム向けなどがある。

コラム ▶ 塩化第一銅の製法（乾式法）

ニューランド触媒の原料である塩化第一銅は、水分が存在しない状態で金属銅（銅線・電気銅板）を塩素と直接反応させると、熱と光を発して激しい反応が起き、融点442℃の塩化第一銅CuClが生成する。この反応は熱と光が発生するので燃焼反応である。燃焼反応には必ずしも酸素は必要ないことが分かる。

この反応をスタートさせるのには、金属銅を赤熱する必要がある。銅線に過剰な電流を流して赤熱させる方法や銅棒をバーナーで赤熱する方法などがある。

塩化第一銅の沸点は1,366℃と記されているが、熔融状態では、刺激性の強い塩化第一銅ヒューム（蒸気）が気化するのでその処理対策が必要である。塩化第一銅の熔融塩を冷却した銅製のドラムで塩化第一銅フレークにする。ニューランド触媒用はフレークで良いが、シアン化銅原料にする場合は粉砕して粉末にする必要がある。

塩化第一銅はほとんど水に溶けず、水溶性塩化物である食塩NaClや塩化アンモニウム等には帯黄色透明のクロロ錯体を形成して溶解する。第一銅のトリクロロ銅錯体は不安定で水で希釈すると分解して塩化第一銅の白色結晶を析出する。湿潤状態の塩化第一銅は空気酸化されや

すく、すぐに第二銅に変化するため、窒素置換などによって空気を遮断した状態で乾燥しなければならない。

食塩溶液中で金属銅と塩素を反応させると塩化第一銅と塩化第二銅の混合クロロ錯体溶液ができる。この溶液を過剰の金属銅か還元剤（亜硫酸ソーダNa_2SO_3等）で還元するとトリクロロ第一銅ソーダが得られる。

乾式法は廃ガス処理が大変なので、金属銅を塩化アンモニウム溶液に入れ、塩素を用いて湿式酸化すれば、大気汚染にもならず、作業環境は良好になったはずであるが、当時はまだポリタンクのような耐腐食性の容器はなく、実現しなかった可能性は高い。

$$4NH_4Cl + Cu + Cl_2 \rightarrow 2(NH_4)_2CuCl_3$$

当時のJIS試薬は塩化第一銅$CuCl$の分析法として、硫酸酸性の第二鉄イオン溶液で$CuCl$を還元し、生成した第一鉄イオンを過マンガン酸カリで酸化滴定するのであるが、塩化第一銅と第一鉄の混合溶液は空気酸化されやすい。そこでドライアイスで空気を遮断する方法を開発した。

X-6 ナイロンの誕生

石炭酸からヘキサメチレンジアミン$H_2N-(CH_2)_6-NH_2$とアジピン酸$HOOC-(CH_2)_4-COOH$を合成し、これを縮合して、絹によく似ている商品名ナイロン66をカロザスは発明する。

これが「蜘の糸より細く、鋼鉄より強い石炭からできた夢の繊維」と宣伝されたナイロン繊維である。

ナイロンは、多数のアミド結合によって構成されたポリアミ

ド樹脂の一種である。ナイロンにはε-カプロラクタムからつくるナイロン6もある。戦略的な必要性から、化学工業は次々と新しい人造合成物質を生み出してきた。平和が戻ると、ナイロンは絹より強いので強くなったのは女性と靴下だと言われた。

　ナイロンは、耐衝撃性・自己潤滑性などに優れているので、歯車・キャスターなどエンジニアリングプラスチックとして、繊維以外にも根強い需要がある。

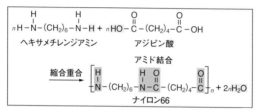

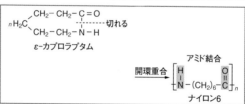

図10－2　ナイロンの生成

プラスチックの種類

　エチレンやε-カプロラクタムのようなプラスチックの原料をモノマー（単量体）、モノマーが多数結合した高分子をポリマーという。ポリというのは多い・沢山という意味である。

❶ 生産量の多いポリオレフィン樹脂

　炭素と水素からできている、ポリエチレン・ポリプロピレン・ポリスチレンの各樹脂をポリオレフィン樹脂という。中でもポリエチレン・ポリプロピレンは、プラスチック生産量のほぼ半分を占める。その理由は、プラスチックの用途のうち、約40%は袋やラップフィルムなどの包装材や建築土木用シート向けであり、素材としてこれらのプラスチックが適しているためである。

　ポリオレフィン樹脂は石油から製造するプラスチックで、その成分は石油に似ているので火力発電所の燃料になる。しかし、これら樹脂には必ず塩化ビニルが混入している。そのため、廃プラを燃料として燃焼させると、必ず塩化水素HClが発生し、金属性の装置を腐食する。また、ダイオキシン発生の原因となり、燃料にするのには問題が多すぎる。また、塩化ビニルはカロリーが低く、燃料にならない。

❷ ポリエステル樹脂

　酸とアルコールから水分子がはずれて生成した化合物をエ
ステルという。無機化学反応では、酸とアルカリから水と塩（え
ん）が生成する反応を中和反応というが、有機化学反応ではア
ルカリに相当するものがアルコールであり、塩に該当するもの
がエステルと呼ばれる化合物である。

　ポリエステル樹脂であるポリエチレンテレフタレートは、カ
ルボキシル基を2個持つ有機酸2価有機酸（ジカルボン酸であるテ
レフタル酸）と2個のヒドロキシル基（アルコール性水酸基・多価ア
ルコール）からなるエチレングリコールから水分子がはずれて
結合したもので縮合という。

　エステル結合が沢山ある樹脂なのでポリエステルという。

　六角形をしたベンゼン核に2個のカルボン酸が結合した化合
物をフタル酸というが、2個目のカルボキシル基が結合する位
置によって、化学的性質が異なる3種類の異性体がある。

　ベンゼン核で炭素原子のすぐ隣の位置（オルトの位置）にカル
ボキシル基が結合した化合物をオルトフタル酸、炭素数2個隔
てたパラの位置にカルボキシル基が結合したものがパラフタル
酸である。パラフタル酸はカルボキシル基がベンゼン核の最も
遠い位置に結合しているのでテレフタル酸ともいう。テレホン
のテレも遠いから生まれた言葉である。

　カルボキシル基を2個以上もつカルボン酸を多価カルボン酸
といい、2個以上のアルコール性水酸基をもつアルコールを多
価アルコールという。

　繊維やペットボトルなどに使われるポリエチレンテレフタレートは、樹脂の用途によって、名称が変化してきた。例えば、繊維ではダクロン（デュポンの商標）・テトロン（帝人と東レの共同商標）など商品名のままで呼ばれることも多い。

　1996年、自主規制の緩和で500ml以下の小型サイズのペットボトルが解禁された。それまでの缶容器では飲みかけの飲料を持ち運ぶのは困難であったが、キャップが付いたことによりそれが可能になり、これを機に飲料用のペットボトルが急速に普及する。

　ポリエステル樹脂は、もともとポリエステル繊維として登場したが、この素材はその優れた性状から容器をはじめ、繊維以外のボタンや卵のパッケージなどの成形品としても利用されるようになった。

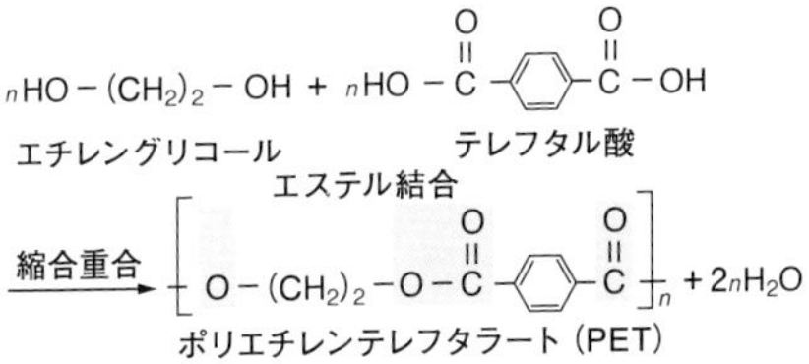

図10−3　ポリエステル樹脂の生成

❸ スチレン樹脂

　スチレンはエチレンの水素1個をフェニル基（$-C_6H_5$・ベンゼン核）で置換した構造をした液体である。スチレンはスチロー

ル（ドイツ語）とも呼ばれており、これを重合すると透明度は良いが割れやすいポリスチレン樹脂ができる。ポリスチレンは、CDの透明なケース・菓子折・使い捨ての透明なプラスチックカップやサジなどに用いられている。この樹脂を発泡させたものが包装材料として、広く普及しているのは発泡ポリスチレンであり、カップ麺の容器から、魚のトロ箱・商品の詰め物などに広く使われている。

1）ブタジエン－ポリスチレン共重合体

ブタジエン系ゴムをスチレンに溶解し、ポリスチレンをグラフト重合させると、ゴムのしなやかさをもったゴム－ポリスチレン共重合体が得られる。これは生菌の乳酸菌飲料容器等に用いられている。

2）ABS樹脂

ポリスチレンはもろい樹脂なのでブタジエンゴムラテックスにスチレンとアクリロニトリルのポリマーを加えてグラフト重合させたものが、アクリロニトリル・ブタジエン・スチレン樹脂（ABS樹脂）である。

頑丈な樹脂なので、プラスチックめっきをして自動車部品にしたり、自動車のダッシュボード・パソコン等のケース・旅行用トランク・電気掃除機のボディなどに広く利用されている。

3）AS樹脂

アクリロニトリルとスチレンとを共重合させるとアクリロニトリル－スチレン共重合樹脂（AS樹脂）ができる。やや黄色味を帯びているが、透明で硬く・摩擦にも強く・成型時の寸法精度も優れているので自動車のテールライトカバー・バッテ

リーケース・使い捨てライター・扇風機の羽根・機械−電気部品等に使われている。

❹ ポリメタクリル酸エステル樹脂

アクリル酸とアルコールから生成するエステルの総称である。

一般式$CH_2=CHCOOR$で示される。濃硫酸を触媒としてアクリル酸とアルコールを反応させると得られる。

アクリル酸メチル$CH_2=CHCOOCH_3$methyl acrylateは沸点79.6〜80.3℃・色で不快臭の液体である。

工業的にもっとも重要なアクリル酸エステルであり、プロピレンの接触酸化により製造したアクリル酸をメタノールによりエステル化する製造法で合成されている。

この方法ではプロピレン$CH_2=CHCH_3$ 675kgとメタノールCH_3OH 400kgから1トンのアクリル酸メチル$CH_2=CHCOOCH_3$が得られる。

$$2CH_2=CHCH_3+3O_2 \rightarrow 2CH_2=CHCOOH+2H_2O$$
$$CH_2=CHCOOH+CH_3OH \rightarrow CH_2=CHCOOCH_3+H_2O$$

炭素数の多い高級アルコールのエステルは、アクリル酸メチルからエステル交換反応を利用して合成する。メチルエステルからヘキサデシルエステルまでの同族体は、いずれも常温で液体である。炭素数の少ない低級アルコールのエステルは不快臭をもち、毒性が強いので、吸入・皮膚への付着を避けなければならない。おもな用途はアクリル繊維の改質・塗料・接着剤などで、いずれも共重合体が用いられている。

コラム ポリメタクリル酸エステル樹脂

ポリメタクリル酸メチル樹脂・略称PMMAは透明な固体材であるポリカーボネートなどと共に有機ガラスと呼ばれる。擦ると特有の匂いを発することから匂いガラスとも呼ばれた。日本ではアクリル樹脂は1934年ごろ工業化された。

アクリル樹脂はプラスチックの中で最も耐久性に優れ、なおかつ美しい透明性を保った素材であり、こうした特性を活かして、様々な製品に使用されている。水族館の巨大な水槽である8.2m・幅22.5m・厚さ60cmにも及ぶ巨大な水槽であるアクリル樹脂の特性を最も表す代表的なものは世界40カ国で実績がある。アクリルパネルは柱が無いにも関わらず7,500トンもの巨大な水圧に耐えることができる。

60cmの厚みは7枚のアクリル樹脂から構成されているが、綺麗な透明性を保ったまま見る人々に魚の生態をクリアに見せてくれる。

深海探索用の船の窓にも使用され、多くの航空機の窓にも使われている。

アクリル酸メチルはアクリル繊維・成型用樹脂・粘接着剤・塗料・繊維処理剤などの原料として使用されている。

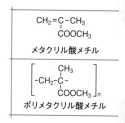

第XI章

海生生物を殺す
廃プラスチック

石油から造ったプラスチックは自然界には存在していない人造物質であるため、生物による分解ができない。なおかつ浮遊性のため、海洋環境中に長期間存在し、海洋生物による誤食・絡み付きなどの被害を及ぼすことが確認され、広域的な汚染が国際的にも問題になった。また、景観の悪化などの問題も生じている。

　2018年8月5日、鎌倉由比ケ浜に漂着した全長10.52mのクジラの死骸を調べていた海生哺乳類学の専門家、国立科学博物館の田島木綿子研究主幹によって、その特徴的なイボ等から、地球上で最大の動物であるシロナガスクジラの子どもと判明した。解剖の結果、死後数日〜数週間程度とみられているが、生後6カ月未満で母乳だけを飲んでいた時期とみられるが、胃の中からポリ袋が見つかった。

　2018年11月18日、インドネシア・スラウェシ島の海岸に流れ着いたマッコウクジラの死骸全長約9.5mの胃の中から、ポリ袋25枚・カップ115個・ペットボトル4本・サンダル2個・ロープなど計5.9kgの廃プラが見つかった。

　2015年8月20日、米テキサスA&M大学でカメを研究しているフィグナーをはじめとするチームは、南米コスタリカ沖で鼻腔にプラスチック製のストローが刺さったオリーブヒメウミガメを調査のため捕獲した。フィグナーは何年も前からプラスチック製ストローに反対する運動を行っている。「ストローは無駄なもので、捨てられたものは、海に漂う。5兆2,500億個ものごみをさらに増やすだけだ」と主張する。確かにストローがなくとも飲みものを飲むことはできる。

XI. 海生生物を殺す廃プラスチック

　プラスチックの大量生産が始まった50年以上前頃から、廃プラスチックによる海洋汚染で海亀や海鳥の死骸が劇的に増加し、問題視されていたにもかかわらず、いま頃、大問題になっている。

　アメリカ海洋大気庁が世界最深のマリアナ海溝の水深6000m以上の超深海に生息する大きさ2cmほど端脚類の1種カイコウオオソコエビから、1970年代に製造と使用が禁止されたはずのPCBやプラスチックの難燃剤として使われるPBDEsが高濃度に見つかった事実は、汚染物質は極めて遠くまで運ばれていることを意味する。

　イギリスの研究チームは、水深7841〜10250mのマリアナ海溝に生息する生物が、信じられないくらい高い濃度の残留性有機汚染物質であるPOPsによって汚染されていることを発表した。この濃度は、中国で最もひどく汚染された川に生息するカニよりも50倍も高い濃度である。

　これらの汚染物質は、海洋生物の死体の内臓やプラスチックの粒子に付着して運ばれ沈降する。POPsは疎水性が高く、プラスチックによく付着する。ポリオレフィンのような親油性のプラスチックはダイオキシン類やDDT等の親油性物質をよく吸着する。

　海鳥のプラスチックの誤食については、数十年前から調査が行われてきた。胃の中からプラスチックが見つかった海鳥は1960年には5%にも満たなかったが1980年までには一気に80%へと跳ね上がった。

　プラスチックの生産量は11年ごとに倍増しており、オース

トラリア連邦科学産業研究機構の研究チームの筆頭著者クリス・ウィルコックスは、「プラスチックの生産量と誤食する海鳥の増加に関連性がある」と指摘する。海鳥186種の生息分布域と海洋ごみの拡散状況のデータを合わせて、誤食傾向の高い種の予測モデルを作成している。ウィルコックスによると、こうした種は、オーストラリア南部・南アフリカ・南米に多く見られるという。いずれも、太平洋南部・大西洋南部・インド洋の海洋ごみが浮遊しているエリアにごく近い海に面している。

　アホウドリなどの大型の海鳥は、誤食するプラスチックの量も多いが、体の大きさに比例して誤食傾向が高くなるわけではない。アラスカ州付近の北太平洋に生息するウミオウムは小型だが、海に潜って餌を捕るため、ほかの種より誤食しやすい。

　海鳥の体内から見つかるプラスチックは、ポリ袋・ボトルのふた・合成繊維の衣類等であり、これらが日光や波によって劣化し、米粒大の破片になる。

　尖ったプラスチックで内臓に穴が開けば命を落とす。大量に飲み込めば、内臓に餌を消化するスペースがほとんどなくなるため、体重が減って死亡につながる。海鳥の個体数は1950〜2010年の間に67%まで減ったことが判明している。

　科学者たちは長年、動物がプラスチックを食べてしまうのは食物のように見えるからだと考えていた。世界の海がプラスチックごみだらけになるにつれ、多くの海洋動物が驚くほど大量のプラスチックごみを食べていることが分かってきた。しかし、動物プランクトンからクジラまで、大小様々な動物がなぜプラスチックを餌と間違えてしまうのかはあまり調べられてこ

なかった。

　魚などは、日光や波の作用により米粒大の破片になったマイクロプラスチックを、ふだん食べている小さいものと間違って食べてしまう。ウミガメは、薄く透明なポリ袋をクラゲと間違えることが多い。

XI-1 廃プラスチックと「匂いの罠」

　カリフォルニア大学デービス校の博士課程の学生であるマシュー・サヴォカは、海鳥たちが『ジメチルスルフィドDMSの匂いを嗅ぐと、ここにオキアミがいるはずだ』と、すっかりその気になってしまい、自分が何を食べているのか、あまり気にしなくなってしまう。

　サヴォカのチームは、すでにプラスチック摂取によって深刻な影響を受けているアホウドリ・ウミツバメ・ミズナギドリに注目した。

　カリフォルニア州のモンテレー湾とボデガ湾の沖にマイクロプラスチックを袋に入れたブイをいくつか設置し、3週間後に回収して研究室で匂いを調べた。

　海洋動物によるプラスチックの摂取に匂いが関係している可能性を探る研究は、これが初めてである。動物たちが特定のエリアで餌を探して食べるきっかけは匂いであることが多い。

食物のように見えるものから、食物のような匂いがしてくるなら、海鳥がプラスチックを食べてしまう可能性は一段と高くなる。

2014年に全世界で行われた分析によると、海洋プラスチックごみの総量は2億5,000万トンで、その多くが米粒大の破片になって浮いている。カメ・クジラ・アザラシ・鳥類・魚類を含む200種以上の動物が、こうした海洋プラスチックごみを摂取していることが判明している。

魚が摂取するプラスチックの毒性を研究しているカナダ・トロント大学の進化生物学者チェルシー・ロクマンは、サヴォカの研究が海洋動物がプラスチックを食べてしまう理由の解明に向けた重要な一歩であり、動物たちがプラスチックごみを『選んで』食べていると主張している。

コラム ▶ ジメチルスルフィドDMS

ジメチルスルフィドdimethyl sulfide $(CH_3)_2S$:硫化ジメチルは、常温で液体・水に難溶の有機硫黄化合物で腐敗したキャベツのような硫化水素に似た悪臭がある。硫化水素H_2Sの水素をメチル基で置き換えた構造している。

硫化水素は腐敗した卵のような悪臭というが、腐敗した卵の臭気を嗅いだことのある人は日本人ではほとんどいない。腐敗したての卵はアミン臭がして硫化水素の臭気はしないはずである。

日本人にわかりやすい硫化水素臭と言えば硫黄温泉の臭気である。マスコミでは硫化水素の匂いを硫黄の臭気というが、硫黄は固体で臭

気はなく、硫黄の匂いというのは誤りである。

海で感じる「潮臭さ」は海洋プランクトンが造る硫化ジメチルによるものである。硫化ジメチルはミズゴケやプランクトンなどが造る物質であり、海苔の香り成分としても重要であり、金属やルイス酸に配位して錯体を造る。人間の口臭の原因となる成分の1つである。

メタノールCH_3OHと硫化水素H_2Sを原料にして、気相中、触媒存在下で反応させて製造する。

$$2CH_3OH + H_2S \rightarrow (CH_3)_2S + 2H_2O$$

製紙の副産物であるリグニンに硫黄化合物を加え、加熱することでも生産されている。ほとんどがジメチルスルホキシドDMSO:Dimethyl sulfoxideの原料として用いられるが、皮膚への浸透性が非常に高いことでも知られている。ジメチルスルホキシド自体の毒性は低いが、他の物質が混入している場合、他物質の皮膚への浸透が促進されるので取り扱いには注意を要する。

XI-2 プランクトンの中にもプラスチック 深刻化する海洋汚染

国際連合は『世界環境デー』が取り組むテーマとして、海を選んだ。海に大きな悪影響を及ぼしているものの1つが、身近な素材、プラスチックである。国連のコフィー・アナン事務総長（当時）が発表した声明によると、プラスチックをはじめとする海に投棄されたごみが、毎年100万羽以上の海鳥と10万匹にのぼる哺乳動物やウミガメがプラスチックなどをエサと間違え

て食べたために死んでいるほか、プラスチック自体から環境ホルモンが溶け出す危険性もある。分解されずにどんどん微細化していくため、海洋の食物連鎖の要となるプランクトンからもプラスチックが検出されている。

　世界環境デーにちなんだ会議に集まった参加者の多くは、海洋動物の死とプラスチックの関係について懸念している。オランダの科学者チームが北海のごみに関する報告書を発表し、カモメよりやや大型の海鳥で、北極圏周辺に分布しているフルマカモメの胃に平均して30個のプラスチックが入っていたと報告している。

　非営利の環境団体「アルガリタ海洋研究財団」のマクドナルド副会長によると、海中では大きなプラスチックがクラゲやイカのように見え、小さな破片は魚の卵に見えるという。また、海中を撮影する映画制作も行なっている副会長は、アホウドリの親が遠くまで飛んでいって、プラスチック製のボトルキャップやライター・夜釣り用のプラスチック製発光器具などを巣に持ち帰り、ひな鳥にエサとして与えてしまうのを見たと語っている。

　アルガリタ海洋研究財団の研究者はこの数年間、北太平洋の真ん中の広範な海域でサンプルを採取しており、藻類1kgに対し6kgのプラスチックを発見している。

　世界中で毎年1億トンを超えるペレット状のプラスチックが生産され、自動車・コンピューター・パッケージ・ペンにいたるまで、ありとあらゆる製品に加工されている。

　米国海洋政策委員会の研究者アンジェラ・コリドアによる

と、海中に存在するプラスチックの約20%は、船舶や海上プラットフォームから投棄されたもので、残りは風や水によって陸上から運ばれたものだという。

プラスチックを食べたり、プラスチック製品が体にからまったりして海洋動物が死ぬだけでなく、生息環境そのものがプラスチックによって悪化し、破壊されるとコリドアは指摘する。「魚にとっても人間にとっても良くない。汚れた海岸に行きたいと思う人はいないはずだ」また、ペレット状のプラスチックにはDDT・PCBといった毒性の高い物質を吸着する性質がある。

日本の研究者たちは、吸着された有毒物質の濃度は水中と比べて100万倍も高くなりさらに、プラスチック自体からビスフェノールAのような内分泌撹乱物質（環境ホルモン）が溶け出す危険を指摘している。

プラスチックの大半は生分解されないため、除去しないかぎり何百年でも海中にとどまり、どんどん小さく砕けていく。イギリスの科学者チームは最近、海中のいたるところに海洋の食物連鎖の要となるプランクトンの体内にさえ、微細なプラスチック片が存在することを発見した。

この科学者チームは、海中に存在するプラスチックの量が1960年代以降、少なくとも3倍に膨れ上がった点についても指摘している。これほどのプラスチックが海洋の生態系にどんな影響を及ぼすかは分かっていない。

水産学を専門とする科学者として名高いランソム・マイヤーズ博士は、海洋の生態系に思いがけない影響を及ぼしている可能性はあると認めている。「海で起きていることを理解する人

間の能力は、非常にお粗末なものであり、海洋にとっていちばんの脅威は、底引き網漁による乱獲と生息環境の破壊である」という。

海洋政策委員会は仮報告書の中で、米国の海岸と海洋を護るために残された時間は尽きかけていると警告している。同委員会は提案事項として、ホワイトハウス内に海洋委員会を設置すること、魚介類の乱獲を促進する計画に助成金を与えないこと、海洋研究への投資額を倍増することなどを求めた。

海洋政策委員会のコリドアはこれらに加えて、海洋のごみを監視する米海洋大気局への資金提供を再開すべきだと主張している。

アルガリタ海洋研究財団のマクドナルド副会長は次のように述べている。「われわれは毎年のように、海に関する悪い知らせを耳にしている。海が大きな問題を抱えている事実に、人間がようやく気づきはじめたのだ」

Ⅺ-３ 微小プラスチック（マイクロプラスチック）・人体からも検出

微細なプラスチックとはマイクロプラスチックのことであるが、ここでも自然界の微生物によって分解されることを期待している。

マイクロプラスチックは、海に流れ出たプラスチックごみが

紫外線・温度・波力等で細かく砕けたものやプラ製品の原料となる「レジンペレット」、歯磨き粉や洗顔料に含まれる小さな粒である「マイクロビーズ」などで、主に5mm以下の微小片を指す。

2018年10月23日、オーストリア・ウィーンで開催された欧州消化器病学会の会合で環境汚染として問題になっている微小なプラスチック片「マイクロプラスチック」が人間の便から検出されたことが、オーストリア環境庁とウィーン医科大の研究で判明した。

人の体内にマイクロプラスチックが取り込まれていることが見つかったのは初めてである。健康への影響については不明で、解明にはさらなる研究が必要である。研究チームは日本・イギリス・イタリア・オランダ・オーストリア・ポーランド・フィンランド・ロシアの各1人、計8人から大便の提供を受けて検査した。その結果、8人全員の便から0.05〜0.5mmのマイクロプラスチックを検出した。

ポリエチレンテレフタレートPET・ポリプロピレンなど最大9種類で、平均すると便10gに20個のマイクロプラスチックが見つかったという。

提供者の直前1週間の食事の記録を見ると、いずれもプラ包装された食物やプラスチックボトル入りの飲物を飲んでいた。ベジタリアンはおらず、6人は海産物を食べていた。マイクロプラスチックは自然界の魚や貝の体内からも見つかっている。

研究チームのフィリップ・シュワブルは「人では消化器疾患の患者にどう影響するか懸念があり、さらなる研究が必要だ」

としているが、残留性有機汚染物質POPsを吸着している可能性も高く、これも無視できない問題である。

　2018年6月9日カナダで開催されたG7シャルルボワ・サミットで、海洋プラスチック問題等に対応するため世界各国に具体的な対策を促す「健康な海洋・海・伝説的な沿岸地域社会のためのシャルルボワ・ブループリント」を採択した。

　この「G7海洋プラスチック憲章」を日本とアメリカだけが署名しなかった。日本政府は今回海洋プラスチック憲章に署名しなかった理由として、プラスチックごみを削減するという趣旨には賛成しているが、国内法が整備されていないため、社会に影響を与える程度が現段階でわからず署名できなかったと説明している。

　2015年学術誌「サイエンス」が環境中に排出される廃プラは年間800万tとし、以後、国際機関や各国政府もこの統計を基準としているが、2010年のデータを基にしているため、11年経った現在は、それより遥かに増えている可能性が高い。日本と米国が署名しなかった海洋プラスチック憲章では、さらに具体的な内容を規定した。

・2030年までに、プラスチック用品をすべて、再利用可能にする。どうしても再利用やリサイクル不可能な場合は、熱源利用等の他の用途へ活用する。

・不必要な使い捨てプラスチック用品を削減し、プラスチック代替品の環境インパクトも考慮する。

・プラスチックごみ削減や再生素材品市場を活性化するため政府公共調達を活用する。

・2030年までに、プラスチック用品の再生素材利用率を50％以上に上げる。

・プラスチック容器のリサイクル率を2030年までに55％以上、2040年までに100％に上げる。

・プラスチック利用削減に向けサプライチェーン全体で取り組むアプローチを採用する。

・海洋プラスチック生成削減や既存ごみの清掃に向けた技術開発分野への投資を加速させる。

・逸失・投棄漁具等の漁業用品の回収作業に対する投資等を謳った2015年のG7サミット宣言実行を加速化する。

G7サミットで、海洋プラスチック問題を扱うのは今回が初めてではない。2015年にドイツで開催されたG7エルマウ・サミットでは、海洋プラスチック問題に対処するアクションプランが定められ、2016年の日本開催G7伊勢志摩サミット、2017年のイタリア開催G7タオルミーナ・サミットでも再確認されている。

2016年には、国連開発計画からも詳細な報告書が発行された。それを受け、EUやイギリス・アメリカの一部州や市ではすでに、プラスチック用品の使用を大規模に規制する法案が審議に入っている。しかし、2015年からすでに何年も経過しており、2016年には日本でのG7サミットでも再確認されているにもかかわらず、迅速な対応をしていなかったことは問題である。

第XII章

廃プラスチック
資源化技術の現状

廃プラスチックは埋立ても腐らず、燃やせば高熱を発生して焼却炉の耐火煉瓦を損傷したり、塩化水素やダイオキシンなど有毒ガスを発生するなど、その処理が1970年代の初頭に問題となった。

　東京都を始め近県の自治体は廃プラを廃棄物処理法にある特定処理困難物に指定し、自治体は処理をしないという体制をとろうとしたが、政治団体の圧力などで、成功しなかった。そのため東京都は廃プラスチックの焼却をやめて埋立処分することに決めたが、後に解除されている。

　プラスチックの生産と用途の規制あるいは廃棄物となった場合の処理のための経費負担を業界に求めようとする考え方がはじめて提起されたのである。

　流通面での合理化や効率化の観点から、プラスチックの軽量・廉価の特性を活かした使い捨て包装容器が増加してきたことに対して、処理しにくい廃棄物を増やすばかりであるとの批判が消費者や自治体の清掃担当者などから高まり、牛乳や清涼飲料の容器がガラス瓶からポリ容器へ転換される動きに対し、消費者団体は廃棄物処理の面から、これに強硬な反対運動を展開し始めた。

　1969年12月、大阪万博協会は、会場内での使い捨て廃プラ容器の処理に手を焼くことになるとの理由から、使用禁止を決定した。これが廃プラ問題を社会問題として一気に表舞台に引きずり出すことになり、くすぶり続けていたプラスチック容器反対の気運に決定的な影響を与えた。

　プラスチックの日常生活への浸透は急速であり、石油化学工

業生産体制の整備とあいまって、1966年から70年の間にプラスチックの生産量は約3倍に急増した。これらプラスチック製品の多くは、日用品として広く普及するとともに、使い捨てが文化であるという商業主義に踊らされた軽佻浮薄な社会風潮の下に、廃プラが一般廃棄物として大量廃棄され、自治体の廃棄物処理体制を圧迫し、その増加の速度は自治体の危機感を強めた。

1970年、公害国会で清掃法は廃棄物処理法に改正され、その中に適正処理困難物という考え方が盛り込まれ、通産省でも、これらの動きに対し対策が検討された。

廃プラスチック問題がおよぼす製油所や石油化学工業全般への影響は計り知れないものがあるとの懸念から、業界が一体となって対応すべきであるとの結論に達した1971年末、石油化学工業協会・塩化ビニル協会の会員を構成員とし、日本プラスチック工業連盟も参加して、プラスチック処理研究協会を設立、1972年プラスチック処理促進協会に改組した。

しかし「一般廃棄物の廃プラは廃棄物処理法上、その処理責任は自治体にあり、プラスチック業界にはない」と主張して、現在でもプラスチック業界が独自で開発した廃プラ資源化装置も技術もない。

一方、拡大生産者責任が問われたドイツでは自治体とは別に、業界約600社でDSDシステム㈱をつくり、フランスではエコアンバラージュで容器包装プラスチックに対応した。アメリカでも11州がデポジットシステムで容器を回収した。この事実は、各種容器のプラスチック化・使い捨てを着々と進めつつ

あった生産・加工業者や飲料等のメーカーに衝撃を与えた。

XII-1 廃プラの資源化技術に対する評価

　企業では画期的技術が開発されても、発明者が定年退職したり独立したりすると、反対派などが、その技術を遠ざけようとする力が働き、伝承されず、画期的な技術がいつの間にか消滅してしまうことがある。

　政治の世界でも前任者の功績をないがしろにしたり、無視して、自分の功績を造るために予算を使うことが往々にしてある。

　プラスチック資源化技術についても同様のことが言える。温故知新・廃プラ資源化技術を見直す必要がある。

　廃プラスチックの資源化や処理技術の障害になっているのは、添加物の相違を含めると2,000種もあるというプラスチックの種類の多さである。

　日本のプラスチック製造技術は、大半が欧米からの導入技術であるため、プラスチックメーカー自体が廃プラスチックの本質がよく判っていない。

　伝統ある化学技術を有するドイツの大手総合化学メーカーBASF社の廃プラに対する評価は、日本のプラスチック業界にはみられない、その現状認識の正しさと技術思想に根本的な相違が存在する。

BASFは廃プラスチックのリサイクルについて次のように正しく評価している。

○廃プラは捨てるには惜しい原料であり、塩ビ等塩素系プラを除けば、石炭や原油に匹敵する資源である。

○一般廃棄物から分別した廃プラスチックは、汚れており、単純再生・複合再生は、品質と衛生上の理由で、また分別に多額の費用を要し、得られた原料の品質が悪いなど、経済的に引き合わない場合が多い。

○廃プラを新しい製品に熔融し直したり、成形し直したりすることは部分的解決にしかならないと、日本の業界が推進してきた単純再生・複合再生を真っ向から否定している。

○プラスチックは、ガラス瓶のように何回熔融再生しても品質が劣化しない素材とは異なり、劣化する製品でありリサイクル製品を受け入れる市場も少なく、再生された製品は早晩廃棄物になり、また再び処理しなければならない。しかも、素材再生処理方式では、品質劣化を伴うので、ガラス瓶のように何回も繰り返す訳には行かない。結局、ごみからごみを造る結果になるのである。

日本の一部で行われているような廃プラスチックの再生は低品質の製品をつくるだけで、本質的な解決にはつながらないというのがBASFの考え方であり、原料にまで戻す化学的リサイクルが唯一の処理方法であるとBASFは主張しているのである。

❶ BASF社の廃プラスチック熱分解資源化技術 （BASFプロセス）

ドイツでは油化した廃プラを燃料に使うことは禁止されており、原料に戻さなければならない。これが日本の業界が取り組んで失敗した油化技術とは根本的に異なる。

廃プラの資源化に消極的な日本のプラスチック業界に比べ、BASF社は、積極的であり、プラスチック製品に対する製造者責任を認め、廃プラ資源化技術を独自に開発し、すでに1万8,000tの廃プラを資源化したが、ブレーメン製鉄所における高炉還元剤法の出現により、原料入手難で操業を休止、また、操業を開始したようである。

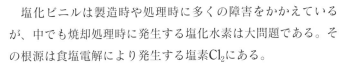

XII-2 資源化を阻害する 塩化ビニル

塩化ビニルは製造時や処理時に多くの障害をかかえているが、中でも焼却処理時に発生する塩化水素は大問題である。その根源は食塩電解により発生する塩素Cl_2にある。

ドイツから始まった容器包装廃プラスチックを高炉の還元剤として使用することは、日本でも始まったが、ここでも塩ビの処理が問題になっていた。

塩素が発生しないフェライト法等による苛性ソーダ製造への転換と、ただ単に集めて・燃やして・埋立るというごみ処理

方式を資源化プロセスである熱電併給システム等に転換しない
かぎり、塩化水素とダイオキシン問題の根本的解決はない。

> **コラム ▷ 塩素を発生しない苛性ソーダの製造法**
>
> 　塩素が生成しない苛性ソーダの製造法としてフェライト法等がある。フェライト法というのは、19世紀末に開発された技術であり、炭酸ソーダNa_2CO_3と酸化鉄Fe_2O_3を焙焼してソーダフェライトと呼ばれる亜鉄酸ナトリウム$NaFeO_2$を製造し、これを高温加水分解して純度の高い苛性ソーダ$NaOH$を製造する技術で副生する酸化第二鉄Fe_2O_3は元の工程へ戻す。
>
> 　$Na_2CO_3 + Fe_2O_3 \rightarrow 2NaFeO_2 + CO_2$
>
> 　$NaFeO_2 + H_2O \rightarrow 2NaOH + Fe_2O_3$
>
> 　古くからヨーロッパで採用されているフェライト法は、イオン交換膜電解法の苛性ソーダ製造プロセスと互角の競争力もあり、このプロセスに転換すれば過剰塩素の問題は解決する。
>
> 　業界は天然ソーダを一国に資源を依存することは危険性があると主張しているが、アメリカ・アフリカ以外にもメキシコ・モンゴル・チベット・イランなどにも天然ソーダ資源は賦存している。アメリカ・ワイオミング州西南部のGreen River盆地に東西約56km・南北約74kmにわたって分布し、埋蔵量は800億tと発表されている。またカリフォルニア州のSearles Lake (ロスアンゼルス東北方約260km) やOwens Lakeでも硼砂とともにソーダ灰を含む厚い地層が発達している。またアフリカ・ケニア南部のマガジMagadi湖付近でも厚さ50mのソーダ灰鉱床があり、「マガジ灰」として知られている。また、昔から採用されてきた塩素が出ない方式にアンモニア・ソーダ法がある。

XII-3 衰退する廃プラ資源化技術

❶ コークス炉利用プロセス

　廃プラスチックの高炉還元剤利用は、高炉内に吹き込む微粉炭の代替として利用されるが、コークス炉原料化は、その前工程のコークス炉内で廃プラスチックを利用するというものである。廃プラスチックの破砕や選別・異物除去・粒状化の工程は、高炉還元と同じであるが、10％以内であれば、汚れや残渣があってもかまわない。20mm程度のプラスチック片に粉砕した廃プラを圧縮型の減容装置で25mm径ほどの粒状物にして、石炭と混ぜて、コークス炉に投入する。炭化室では両側の燃焼室から間接加熱され、廃プラは燃焼することなく熱分解し、油化したものはタールや軽油として回収し、化成工場でさらに蒸留・分離して製品化し、ガス化したものは水素として販売するほか、発電と製鉄所内の加熱燃料として利用する。塩化ビニルの熱分解による塩化水素の発生は、石炭熱分解時に発生するアンモニアと反応し塩化アンモニウムとして回収できる。

❷ 廃プラのアンモニア製造原料化 （EUP宇部興産プロセス）

宇部興産は、荏原製作所と共同で、廃プラから化学原料とし

て利用可能な合成ガスを製造する技術の開発に成功した。同技術は、「加圧二段ガス化プロセス」と呼ばれ、容器包装リサイクル法に適した循環型リサイクルシステムである。廃プラをガス化した後に出るスラグもセメント原料に利用できるほか、鉄やアルミも回収するなど、ゼロ・エミッションを実現する。塩化ビニルを含む廃プラのほか、RDFなども分別せずに資源化できるほか、高温で処理するため、ダイオキシンの発生も抑制できる。同システムは、炉内の温度が600〜800℃の低温ガス化炉との高温ガス化炉からなる。低温ガス化炉では酸素と蒸気を供給し、一酸化炭素と水素主体の合成ガスを製造する。発生したガスは、従来の重質油・残渣油・石炭などから得られる合成ガスに比べて何ら遜色のない化学原料用ガスである。宇部興産では廃プラの収集ができず、EUPを閉鎖したが、この技術は昭和電工川崎工場に導入され、現在、エコアンモニアとして発売されている他、水素も供給している。

注　RDFとは、ごみ固形燃料Refuse Derived Fuelのこと。一般家庭から排出された生ごみやプスティックごみなどの廃棄物を原料とした、固形燃料である。

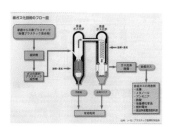

図12−1　ガス化技術のフロー図とプラント

❸ サーモセレクトシステム (元 川崎製鉄が技術導入) 千葉プラント

サーモセレクトシステムは、廃棄物をガス化して、金属回収と発生ガスを有効利用するプロセスで、スイスの企業から技術導入したものである。

一般廃棄物処理で得られた精製合成ガスの性状例は、燃料ガス中ダイオキシン類濃度が、$0.00009ng\text{-}TEQ/Nm^3\ O_2 : 12\%$ 換算値であり、スラグの品質は「一般廃棄物の溶融固化物の再生利用に関する指針」の溶出基準を満足している。

千葉市の可燃ごみの実証運転では、メタルは鉄が主成分であるが銅の平均割合が17.5%と高濃度のため銅製錬の原料として、硫黄は硫酸原料として、金属水酸化物は亜鉛を含有しているため亜鉛製錬の原料として利用した。

ダイオキシン類の総排出量は将来の目標値のごみ1tあたり$5\mu g\text{-}TEQ$よりはるかに低い値の$0.00069\mu g\text{-}TEQ$の結果を得ている。

投入廃棄物に含まれるダイオキシン類は$10\ \mu g\text{-}TEQ/t\text{-}waste$程度と言われており、本プロセスはダイオキシン類を分解する

写真12−1　サーモセレクトシステムの工場

性能を持つことが証明されている。

> ◆ **コラム** ＞ **精製合成ガスの利用状況**

　JFEスチール東日本製鉄所千葉地区構内では1987年より製鉄所内で発生する副生ガス（高炉ガス・コークス炉ガスなどで、低位発熱量は約4.6 MJ/Nm³）を用いたガスタービンコンバインド発電を実施している。そこで、精製合成ガスを製鉄所に送り、ガスタービンコンバインド発電用の燃料の一部として利用している。製鉄所立地の場合、精製合成ガスの製鉄所内での利用が可能である。しかし、一般的な立地の場合では、廃棄物処理からの精製合成ガスを利用した比較的規模の小さい高効率な発電が必要となる。処理規模が小さい場合の発電方式として小規模でも発電効率の高いガスエンジン発電や燃料電池が考えられる。

　千葉プラントでは1.5Mwガスエンジン発電を設置し、製鉄所に販売する燃料ガスの一部を使用して、ガスエンジン発電のデモンストレーション運転を実施している。このガスエンジン発電システムは燃料ガスの発熱量の変動に対応し、空気比を変更し、外部信号に基づき発電量一定制御できるシステムを導入している。廃棄物から回収される燃料ガスの発熱変動があるにもかかわらず一定発電運転が可能であった。ガスエンジン発電機単体での発電効率は定格で約37％あり、総合効率は72％であった。100％負荷での効率37％に対し、50％負荷での効率は約33％であり、定格（100％）負荷時に比較し、4％の低下にとどまった。ガスエンジンの排ガスのダイオキシン類も低いことが確認された。また、脱硝なしでも排ガス中の窒素酸化物が低く抑えられることが確認されている。

　このプロセスは、廃棄物から回収された燃料ガスの多様性・ダイオキシン類の分解性能・亜鉛などの重金属が山元還元できるなど、最終

処分場に依存しない循環型社会構築に寄与できる技術であることが確認されている。また、①岡山県倉敷市資源循環型廃棄物処理施設整備運営事業:処理量：555 t/日、②長崎県:県央県南広域環境組合:処理量：300 t/日、③徳島県中央広域環境施設組合:処理量120 t/日、④埼玉県彩の国資源循環工場整備事業：処理量450 t/日等が稼働していたが、2015年以降、見直しが始まっている。

XII-4　セメント焼成用燃料

　廃棄物をセメント焼成用燃料として使用する技術は、1970年代にイギリスでは稼働しており、日本でも一部のセメント工場が採用しているが、塩化ビニルの混入により、塩化水素濃度が上がると、鉄筋コンクリート用のセメントとしては使えず、塩化ビニルがセメント燃料への障害になっている。

XII-5　資源化を阻害する処分法

　安価な埋立地処分・エネルギー回収をしない単なる焼却炉・エネルギー回収をしない自治体の一般廃棄物焼却炉・エネル

ギー回収率10数％の一般廃棄物焼却炉、これらは処理費が安価で税金で賄われているため、いずれもが廃プラ資源化の妨害要因になっている。

XII-6　炭化と廃プラスチック

　2020〜2021年にかけての冬は、寒波の来襲・コロナ禍などで、在宅勤務を余儀なくされた人や休校などで在宅が多く、それらの人が使う電力が増加した。一方、町村合併や新型コロナウイルスの影響などで、行政の固有業務である一般廃棄物の処理が多大な影響を受けている。

　いままで、一般廃棄物は焼却と埋立処分を主に進めてきたが、電力の自由化で焼却時に発生する熱を回収して、利用することが、一部で行われるようになった。しかし、ドイツのように75％以上エネルギー回収をしない焼却炉は建設できないというほど厳しくはない。

　ごみ焼却に伴う、ダイオキシンを始めとする有害物質の大気中への放出から廃棄物焼却炉建設反対運動は現在でも活発である。

　日本では、昔から炭焼きが盛んで、木炭は煙がでない燃料として、暖房や調理に使われてきた。そこで焼却を主に進めてきたごみ処理を熱分解炭化処理に切り替えてみたら、いま、大問

題になっている地球温暖化防止に役立つのではないかと考える。

　廃棄物の炭化については、産業廃棄物の処理として、中小零細企業が様々な装置を考案し、一部で実用化されている。熱分解には500℃以上に加熱した水蒸気を用いる装置も開発されている。

　炭化は焼却とは異なるので、ダイオキシンなど焼却により発生する有害物質を抑えることができる。雪国では、炭化物を雪上に撒くと太陽熱を吸収して、雪解けを早める効果も期待できる。また、炭化物にすることにより、CO_2の削減にもつながる。

　ごみ焼却ではCO_2を増加させていたが、熱分解炭化ではCO_2を削減するのに効果がある。

　日本人の多くは、その場でCO_2が発生していなければ、外国で大量に温室効果ガスを発生していても、それは考慮しないという性癖がある。それは公害問題が四日市ぜんそくのように一地域の問題で、それさえ解決すれば、それで良いと狭く考えて、世界中の事がつながっているのに、気付かないのかも知れない。

第XIII章

新しいエネルギー
システムの構築

XIII-1 温室効果ガスとその処理

　政府が掲げる温室効果ガスの排出「2050年実質ゼロ」の実現に向け、中間に位置する2030年目標の見直し作業が加速している。欧州が高い目標を掲げ、アメリカにもそれに続く動きがある。2021年3月31日開催の「気候変動対策推進のための有識者会議」には、学習院大の伊藤元重教授を座長として、環境派ともいえる学者や専門家、経済界からは再生可能エネルギーの調達に積極的に取り組むソニーグループやイオンの役員らが名を連ねる。会議を担当する幹部官僚は「数値や時期を決める場ではない」としつつ、「総理の知恵袋的な位置づけだ」と、会議の重みを強調する。

　温暖化対策の国際ルール「パリ協定」では産業革命前から今世紀末までの気温上昇を2℃未満、できれば1.5℃に抑えることをめざしている。しかし、各国ではいまの削減目標では不充分として見直しが進んでいる。

　日本の検討は遅れているが、気候変動問題にかかわる経済産業省と環境省との隔たりがあることが、その要因の1つと言える。経産省は、温室効果ガスを多く排出する石炭火力発電所については2020年7月、国内にある効率が低いものを休廃止していく方針を掲げたものの、技術輸出の全面禁止には踏み込んでいない。環境省が導入に前向きな炭素税について、経産省は

後ろ向きである。

欧米に遅れる日本

欧米の動きは速い。もともと地球温暖化に関心が高い欧州は、2030年の目標をすでに上方修正した。欧州連合EUは55%削減・英国は68%削減と高い目標を打ち出した。

バイデン政権になってパリ協定に復帰したアメリカは、アメリカ主催の気候変動サミットを2021年4月下旬に開く。それまでに意欲的な削減目標を打ち出して存在感を示したい考えである。日本は当初、2020年11月にイギリスで開催予定であった国連気候変動枠組み条約締約国会議（COP26）に向け数字を積み上げていく方向であったが、アメリカと歩調を合わせるため作業の前倒しを迫られている。2021年4月には日米首脳会談と気候変動サミットが続き、こうした場で日本がどこまで欧米の高い目標に追随できるのかが試される。

環境省幹部は「実質ゼロをめざすには40%減は必要だろう」と言う。しかし、政府内では懐疑的な見方も多い。経産省幹部は「野心的な目標は大事だが、裏付けのない理想論は妄想だ。政治で決める部分と現実的に可能なことの両方を考えないといけない」。と主張。

日本は東日本大震災の影響もあり、現状は化石燃料に多くを頼ったままで再生可能エネルギーの普及も遅れている。中間目標である2030年までの10年足らずで大きく社会を変えるのは容易ではない。脱炭素化は、消費者や企業に我慢を求めたり、コストの負担が大きくなったりすることは避けられない。

1kwhあたりの原子力発電の値段は天然ガスの2倍であり、

今後値下がりする見込みはない。一方、風力タービンやソーラーパネルによる太陽光発電の値段は現時点でも、原子力発電と同程度であるが、再生可能エネルギーの装置がより多く製造されると、エネルギー効率の向上や規模の経済がはたらき、急速に単位原価が下がる。

原子炉内で濃縮ウランが分裂しエネルギーを出す際にCO_2が発生しないというのは事実である。しかし、気候変動を抑制するのに適しているという意見は間違いである。確かに核分裂はCO_2を出さないが、核分裂を起こすための燃料製造全ての工程でCO_2が排出される。ウラン鉱粗製物の採掘・鉱石の輸送・鉱石の破砕・ウラン抽出・ウラン濃縮・酸化ウランの溶鉱・ウラン格納・原子力発電所建設と廃炉など全ての工程が含まれる。

核燃料のライフサイクルにおけるCO_2の発生量は、上質の鉱石であれば同等サイズの火力発電所の半分から3分の1程度である。1トンの鉱石につき酸化ウランが0.02％未満の質の低い鉱石の場合では、核のライフサイクルにおけるCO_2の発生量は同等サイズの火力発電所とほぼ等しくなる。さらに、原子力発電所は建設に何年もかかり、また研究開発に何十億ドルという費用や補助金が使われる。もしこの資金が再生可能エネルギーのために投入されれば、化石燃料を、より安全で持続可能なエネルギーにより速く置き換えることができる。それはまた、途上国の需要に合ったエネルギー源の開発にもなる。

送電線もなく、大規模な中央発電所からの送電を受けられない多くの地域でも、各地域で確保できる風力や太陽光発電であれば電力の供給が可能である。

XIII-2 エネルギーの貯蔵

　水を再生可能エネルギーの電力で電気分解して水素とし、これを使って燃料電池で発電するということは、結局、電力を得るのが目的である。燃料電池は水蒸気が発生するので、この熱と水の用途が無い限り、エネルギーの損失が起きる。

　電力にして使うのであれば、直接蓄電した方が、エネルギーからみると有利である。

　古くから自動車用などで広く普及しているのは、鉛電池である。アメリカ・ドイツ・プエルトリコなど、海外では、古くから電力貯蔵設備としてもいくつかの事例がある。

　プエルトリコでは、20MWの鉛電池が周波数調整および瞬動予備力として導入された。

　近年の蓄電池ニーズの高まりに応じて、鉛電池以外にも種々の電池が各々の特長を生かして、世界的に活発に実用化開発が進められている。

　これらの中でも、NAS電池は、高エネルギー密度であり、充放電効率が高いなどの優れた特長を有しており、すでに国内外を問わず数多くの実績がある。変電所や工場での負荷平準化用途だけでなく、太陽光や風力発電との併設用途などにも適用されており、青森県の二又風力発電所には、風力発電設備51MWに対して34MWのNAS電池が併設されている。

　いま、注目されているのがレドックスフロー電池redox flow cell・redox flow batteryである。レドックスフロー電池は二次電池の一種で、イオンの酸化還元反応を溶液のポンプ循環によって進行させて、充電と放電を行う。1974年、NASAが基本原理を発表し、1980年代に研究が進み特許出願が進んだ。現在実用化されているのはバナジウム電池である。

　リチウムイオン二次電池の5分の1程度と重量エネルギー密度が低く、小型化には向かない。しかし、サイクル寿命が1万回以上と長く、実用上10年以上利用できる。さらに構造が単純で大型化に適するため、1000 kW 級の電力用設備として実用化されている。

　セルの基本構造は、幾重にも折りたたんだ多層構造になっている。2種類のイオン溶液を陽イオン交換膜で隔て、両方の溶液に設けた炭素製電極上で酸化反応と還元反応を同時に進めることによって、充放電を行う。バナジウム系では1種類の元素だけを用いるため容量低下が起こらず、実用化に至った。バナジウムをオキソ酸ではなく単原子イオンとして保持すべく、対イオンには硫酸イオンが用いられている。また、臭素イオンを用いて重量エネルギー密度を倍増させる研究も行われているが、バナジウム臭化物の不安定さがネックとなっている。

　日本では、1985年から開発を進めていた住友電気工業が2000年ごろから製品の販売を開始している。大型化に適しているため、電力貯蔵用設備として日間負荷変動の平準化や瞬時低電圧対策や風力発電の発電力均等化などが主な用途である。2012年7月に同社横浜製作所で蓄電容量5MWhのレドックスフ

ロー電池と集光型太陽光発電装置を組み合わせたメガワット級
大規模蓄発電システムの実証運転を開始した。また、北海道電
力と共同で、2014年度末までに北海道電力の基幹系統変電所
に蓄電容量60MWhのレドックスフロー電池を設置し、風力発
電や太陽光発電の出力変動に対する調整性能の実証を行う予定
であったが、現地地質調査の結果から建設に時間を要し、実証
実験は2015年12月25日から開始した。商用電力源における平
準化の実証実験への導入例として、太陽光発電・風力発電を推
進している台湾電力の総合研究所に、住友電気工業が定格出力
125kWのレドックスフロー電池を納入した。

　充電時はプラス極に電流が流入するので、4価のバナジウム
は電子を失い5価に酸化される。同じくマイナス極では3価の
バナジウムが電子を得て2価に還元される。放電時には、充電
時の逆の反応が進行する。この時、バナジウムの対イオンから
見ると、プラス側では相手が過剰となり、マイナス側では不足
する。これを調整するため陽イオン交換膜を水素イオンが通過
し、バランスを取る。通過する水素イオンの量は充電した電荷
と等しくなる。

　循環ポンプにより、タンク内から未反応のイオンが供給され
る限り反応は進むが、循環液中の反応済みイオンの濃度が増す
につれ充電効率が低下する。このため実用設備の定格充電容量
は、全イオン量から求まる理論値よりある程度低く設定されて
いる。

　室温で作動するため熱源は特に必要としない。また、燃焼性・
爆発性の物質を使用・発生せず、先行して実用化されたナトリ

ウム・硫黄電池より安全性で優れている。また、イオン種によっては化学反応を伴わないため溶液の組成が変化しにくく安定性も高い。設備も、大部分が一般的な機器で構成できるうえ、繰り返し充放電で長寿命を期待できる。レアメタルなどの希少資源の必要性も低い。電池容量を増すには、ほぼ溶液のタンクを増設するだけですむため、大型設備に適している。一方、水溶液を使用するため、水の電気分解が生ずる電位が制限となり、エネルギー密度を上げることができない、大型化は容易だが小型化は困難、溶液温度が上昇すると支障があるため冷却装置が必要、などの制限もある。なお、バナジウムは電池運転中に電極上で少しずつ酸素と反応してバナジン酸となるが、これは価数が5価で固定されて充放電に関与せず、容量低下を生じる。一方、ウランはオキソ酸の形で酸化数が変化することから、この問題を回避可能と考えられ、研究が進められている。

イスラエルのElectric Fuel Energyは鉄を利用することで低価格化を実現する。一方バナジウムを用いていた住友電工も代替材料を使った実証実験を進めており、コスト半減をもくろむ。使用する材料にはチタン系を含む複数の候補から選定された。

台湾で太陽光出力の平滑化を実証、住友電工がレドックスフロー蓄電池を納入した。

XIII-3 再生可能エネルギーと送電

　福島県は「再生可能エネルギー100％」を2040年の実現を目指す。

　福島県南相馬市の津波をかぶった海岸沿いに発電用の風車が立ち、太陽光パネルが並ぶ。経済産業省の電力調査統計によると福島県は2020年4月、太陽光発電の能力が都道府県で1位になった。風力発電は8位。原発事故の翌年である2012年、佐藤雄平知事が「再エネを推進し、原子力に頼らずに、発展し続ける社会を目指す」と宣言した。

　農地法によれば、太陽光発電パネルの支柱を作るには、農作物収穫量の地元平均の8割を保たなければ農地転用の許可が下りない。しかし、耕作放棄地や8割の根拠が問題である。

　事業者向けの電力供給をめぐり、互いの営業活動を制限するカルテルを結んでいる疑いがあるとして、公正取引委員会は2021年4月13日、名古屋市にある中部電力と販売子会社の中部電力ミライズ、大阪市の関西電力、広島市の中国電力の4社に対し、不当な取引制限による独占禁止法違反の疑いで立ち入り検査をした。公取委がカルテル容疑で電力会社に立ち入り検査に入るのは初めてである。また、家庭向けの電力や都市ガスの価格を維持するカルテルを中部電力側と結んでいる疑いで、名古屋市の東邦ガスにも立ち入り検査に入った。競争原理を失わ

せるカルテルは、電力やガスの小売り自由化を骨抜きにしかねない。価格が高止まりするなど、利用者側が不利益を強いられている恐れもある。

　関係者によると、大手電力系4社のカルテル容疑は、中小ビル・工場向けの「高圧」、オフィスビル・大規模工場向けの「特別高圧」の電力供給をめぐるものであり、各社が従来、電力を供給してきた区域外では積極的な営業活動をせず、顧客を奪い合わないようにしていた疑いがある。合意は、関電と中国電それぞれの間で交わされていたとみられるという。

　東邦ガス・中部電力・中部電力ミライズの3社は、中部エリアでの「低圧」電力と都市ガスの供給で、価格を維持するカルテルを結んでいる疑いがある。いずれも2018年ごろから始まったとみられるという。

　太陽光発電は全国各地で、風力も建設ラッシュが起きつつある。地元の暮らしと調和させつつ達成できるか。被災地の取り組みは、再エネの未来を占うと言える。

電力の融通・直流送電

　周波数が違う東日本(50ヘルツ)と西日本(60ヘルツ)の電力系統を結ぶ東西連系線の一つで約5年間にわたる増強工事が終わり、2021年3月29日、関連設備が報道陣に公開された。31日使用を始める。東西で融通できる電力は90万kw増え、全体では210万kwになる。北は北海道から南は九州まで、直流送電網を完備すれば、再生可能エネルギーの利用率は大幅に向上する。

引用・参考文献

＊新化学図表　浜島書店　2015年
＊化学総合資料　実教出版　2015年
＊図説化学　東京書籍　2001年
＊化学図説　数研出版　2000年
＊村田徳治　廃棄物の資源化技術　オーム社　2000年
＊村田徳治　化学はなぜ環境を汚染　環境コミュニケーションズ2001年
＊村田徳治　都市ごみのやさしい化学　日報　2000年
＊村田徳治　廃棄物のやさしい化学　日報出版　全3巻2009年
＊村田徳治　化学で考える環境・エネルギー・　化学工業日報社　2016年
＊ウキペディア
＊朝日新聞2020年10月21日付
＊村田徳治　有害物質ハンドブック　東洋経済新報社　1976年
＊日本化学会訳編　実験による化学への招待　丸善　1987年
＊化学大辞典編集委員会編　化学大辞典　共立出版　1964年
＊日本化学会編　化学便覧　応用化学編　第5版　丸善　1986年
＊日本化学会編　化学便覧　基礎編　応用編　改訂第2版　丸善　1975年
＊大木・大沢・田中・千原編集　化学大辞典　東京化学同人　1989年
＊ポーリング関・千原・桐山訳　改訂一般化学　上下　岩波書店　1964年
＊世界大百科事典　平凡社　1977年
＊世界大百科年鑑　平凡社　1976年
＊満田深雪監修　化学の不思議がわかる本　成美堂出版　2006年
＊左巻健男　新しい高校化学の教科書　ブルーバックス講談社　2006年
＊ニュートン別冊　周期表　ニュートンプレス　2007年
＊ニュートン別冊　イオンと元素　ニュートンプレス　2007年
＊鹿島哲　見てわかる化学入門　広川書店　1983年
＊齋藤勝裕　元素がわかると化学がわかる　ベレ出版　2012年
＊粟野仁雄　アスベスト禍　集英社新書　2006年
＊和田武　再生可能エネルギー100%時代の到来　あけび書房　2016年
＊自然エネルギー財団編　自然エネルギーQ&A　岩波書店　2013年

索　引

索　引

【監修者略歴】
北野 大（きたの まさる）

秋草学園短期大学学長、淑徳大学名誉教授
1942年生まれ。1972年東京都立大学大学院工学研究科博士課程修了（工学博士）。（財）化学物質評価研究機構企画管理部長、1994年淑徳短期大学食物栄養学科教授、1996年淑徳大学国際コミュニケーション学部教授、2006年明治大学大学院理工学研究科教授、2013年淑徳大学総合福祉学部教授、2014年同大学人文学部教授を経て、2017年より秋草学園短期大学学長（現職）、淑徳大学名誉教授。

【著者略歴】
村田 徳治（むらた とくじ）

神奈川県鎌倉市出身　技術士（化学部門：文部科学省登録　第4094号）
1958年　横浜国立大学工学部卒業
　　　　同 年　日本化学産業株式会社に入社
1966年　技術士（化学部門）登録
1970年　日本化学産業株式会社 研究所長
1971年　技術士村田徳治事務所を設立
1975年　株式会社循環資源研究所を設立 現在 同社代表取締役所長
2000年　淑徳短期大学　兼任講師（〜2006年）

（主たる著書）
　「化学」で考える　環境・エネルギー・廃棄物問題
　　　　　　　　　　　　　　　　　化学工業日報社　2016年
　新訂　廃棄物のやさしい化学　1・2・3巻　日報出版　2004年
　化学はなぜ環境を汚染するのか　環境コミュニケーションズ 2001年
　廃棄物の資源化技術　　　　　　オーム社　　　　2000年
　環境破壊の思想　　　　　　　　日報出版　　　　2000年
　都市ごみのやさしい化学　　　　日報出版　　　　2000年
　正しい水の話　　　　　　　　　はまの出版　　　1996年
　産業廃棄物有害物質ハンドブック　東洋経済新報社　1976年

〈即戦力への一歩シリーズ　3〉

知っておきたい化学の基礎知識

2021年10月19日 初版1刷発行

監修者　北　野　　　大

著　者　村　田　　徳　治

発行者　佐　藤　　　豊

発行所　化学工業日報社

東京都中央区日本橋浜町3-16-8（〒103-8485）
電話　03（3663）7935（編集）
　　　03（3663）7932（販売）
支社　大阪　支局　名古屋　シンガポール　上海　バンコク
ホームページアドレス　https://www.chemicaldaily.co.jp

印刷・製本：ミツバ綜合印刷
DTP：ニシ工芸
カバーデザイン：田原佳子

ISBN978-4-87326-744-9　C3043